现代农业产业技术培训丛书

现代水生蔬菜产业技术

农业部农民科技教育培训中心
中央农业广播电视学校
组编

中国农业大学出版社
·北京·

图书在版编目(CIP)数据

现代水生蔬菜产业技术/农业部农民科技教育培训中心，中央农业广播电视学校组编.—北京:中国农业大学出版社，2011.6

ISBN 978-7-5655-0281-1

Ⅰ.①现… Ⅱ.①农…②中… Ⅲ.①水生蔬菜-蔬菜园艺 Ⅳ.①S645

中国版本图书馆 CIP 数据核字(2011)第 086776 号

书　　名　现代水生蔬菜产业技术

作　　者　农业部农民科技教育培训中心
中 央 农 业 广 播 电 视 学 校　组编

责任编辑　高　欣　刘耀华　　　**责任校对**　王晓凤　陈　莹
封面设计　郑　川
出版发行　中国农业大学出版社
社　　址　北京市海淀区圆明园西路 2 号　**邮政编码**　100193
电　　话　发行部 010-62818525,8625　读者服务部 010-62732336
　　　　　　编辑部 010-62732617,2618　出 版 部 010-62733440
网　　址　http://www.cau.edu.cn/caup　**E-mail** cbsszs @ cau.edu.cn
经　　销　新华书店
印　　刷　莱芜市圣龙印务有限责任公司
版　　次　2011 年 6 月第 1 版　2011 年 6 月第 1 次印刷
规　　格　787×1 092　32 开本　7.75 印张　160 千字
印　　数　1～5 000
定　　价　11.50 元

《现代水生蔬菜产业技术》编审人员

主　编　陈勇兵　王晓艳

参　编　贺文华　罗利敏　徐一明　林曙皿　解书香

审　稿　曹春英　黄广学　张景林　朱闻军　陈肖安

内 容 提 要

本书着重介绍了现代水生蔬菜产业现状、淡水蔬菜与海水蔬菜的栽培技术及产后加工等方面的新技术、新方法。本书共分为十大部分。第一部分主要讲述水生蔬菜的概念、产业特点、发展前景以及无公害食品、绿色食品、有机食品生产中需遵守的标准与要求；第二部分至第五部分主要讲述淡水蔬菜的产业化栽培技术，包括莲藕、茭白、慈姑、菱的生产技术；第六部分至第九部分主要讲述海水蔬菜的栽培，包括海蓬子、海英菜、海芹菜、海菠菜的栽培，主要从目前应用较多的常规栽培方面作了简要概述；第十部分主要从水生蔬菜的加工方面作了简要的介绍。

本书采用问答形式，内容注重新知识和新成果，实用性与针对性强，通俗易懂，可读性强，为蔬菜产业农民提供了可靠的技术指导。本书也可作为蔬菜生产技术及管理人员的学习参考用书。

序

建设现代农业是农业发展的方向。推进现代农业建设，必须把农业的科技创新放到突出的位置，必须把农业的增长方式转移到依靠科技进步和提高农业劳动者素质的轨道上来，用现代物质条件装备农业，用现代科学技术改造农业，用现代产业体系提升农业，用现代经营方式推进农业，用现代发展理念引领农业，用培养专业农民发展农业。推进现代农业建设，必须提高农业水利化、机械化和信息化水平。为此，农业部提出了以建立农业科技创新体系作为现代农业建设的突破口的现代农业产业技术体系。

建设现代农业产业技术体系是农业技术研发与推广工作中的重大制度创新、机制创新和管理创新。农民是农业和农村经济结构调整的主体，是科学技术转化的重要载体，只有大量的科技成果最终被农民所掌握，才能转化为现实生产力，才能使更多的农民适应现代农业的发展要求。

为促进农民科技培训工作的系统化、规范化、制度化，我们根据农业部领导与科教司的指示精神，组织完成了《现代农业产业技术培训丛书》编写任务。这既是开展专业职业农民培训工作的需要，也是考核专业职业农民培训效果的标准。

《现代农业产业技术培训丛书》以培养有文化、懂技术、会经营、能示范的专业农民和农民技术员为目标，以动植物生产环节为主线，突出了动植物的生产、储藏、加工、销售等培训环节，强调了专业职业农民必须了解或掌握的基本知识和生产技能。《现代农业产业技术培训丛书》以技能掌握为核心，将应知的知识点融入操作实践中，用通俗、简洁的语言告诉农民"你该做什么，你该怎样做"，具有很强的针对性、实用性和可操作性。

真诚地希望这套《现代农业产业技术培训丛书》能够适合文化程度不同、学习要求不同的专业农民使用，为建设现代农业做出新的贡献。

曾一春

2011 年 3 月

编写说明

农业产业化作为农村经济体制改革的重大创新，是农业产业结构战略性调整的重要带动力量，已成为推动传统农业向现代农业转变、实现农业最大效益的必然选择。

蔬菜产业是农业产业结构的重要组成部分。使农民充分认识蔬菜生产产业化发展的重要意义，掌握蔬菜产业技术，大力发展蔬菜产业合作组织，着力培育一批规模适度、效益良好、科技含量高的蔬菜产业示范村、示范户或示范园，加快新技术向现实生产力的转化，已经是当务之急、大势所趋。

本书以现代水生蔬菜产业技术为主线，针对当前水生蔬菜产业生产现状，面向适度生产经营规模的专业农民和蔬菜生产技术员，主要阐述现代水生蔬菜产业现状与发展趋势、播前准备、播种、田间管理、病虫害防治、收获储藏及产后加工等方面的新技术、新方法等，并重点就蔬菜产业农民实际生产中遇到的问题提出了相应的应对措施和解决办法。

本书以问答形式向学员和读者展现了水生蔬菜的各项技术和技能，每一部分均注重理论联系实际、图文并茂、深入浅出、通俗易懂，突出了农民教材的先进性、可读性、技术性、实用性和可操作性，既可作为水生蔬菜产业农民的培训教材，也可作为蔬菜生产技术及管理人员的参考用书。

农业部农民科技教育培训中心
中央农业广播电视学校
2011年3月

目　录

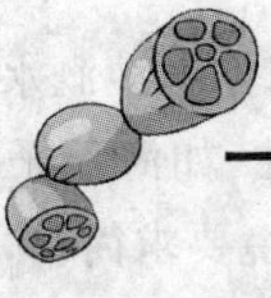

一、水生蔬菜概述

1. 什么是水生蔬菜？水生蔬菜有哪些种类？

水生蔬菜，顾名思义是指生长在水里的可供食用的一类蔬菜的总称。通常，水生蔬菜指生长在淡水中的蔬菜。但随着经济社会的发展及农业科学的进步，水生蔬菜的定义与分类也在不断发展。目前，根据利用水资源的不同，水生蔬菜可分为淡水蔬菜与海水蔬菜。

(1)淡水蔬菜

淡水蔬菜指利用含盐量较低的淡水作为灌溉水资源的一类蔬菜。这类蔬菜耐盐性不强，如莲藕、茭白、慈姑、菱、水芹、莼菜、芡实、蒲菜、豆瓣菜、水芋和水蕹菜等只能在湖泊、池塘等淡水中生长。根据适应水层的深浅不同，淡水蔬菜可分为深水蔬菜（水位在 30～100 厘米）和浅水蔬菜（水位在 10～30 厘米）两大类。能适应深水的有莲藕、菱、莼菜等，能浅水栽培的有茭白、水芹、慈姑、荸荠等。

然而，随着农业生产上对淡水蔬菜品种资源的多样化要求及育种工作者的不断努力，原本适应深水栽培的淡水蔬菜也出现适应浅水栽培的品种。例如，目前莲藕栽培品种就有深水藕与浅水藕两大类群，原本适应深水栽培的菱也出现一些浅水层栽培品种。

(2)海水蔬菜

海水蔬菜指利用含盐量较高的海水作为灌溉水资源的一类蔬菜。这类蔬菜都具有很好的耐盐性,如海蓬子、海芹菜、海英菜、海菠菜等。海水蔬菜对生存环境要求简单,适宜于海边滩涂种植,用洁净的海水进行浇灌即可;其成长的营养成分均取之于海水,而且由于海水蔬菜本身与海水均具有杀菌成分,因此,种植海水蔬菜不用施化肥、农药、植物激素,是名副其实的有机蔬菜。同时,大面积推广种植海水蔬菜对于节约淡水资源与农田以及改善生态环境具有重要意义。

2. 水生蔬菜有哪些营养和保健功能?

(1)淡水蔬菜的营养价值

淡水蔬菜具有丰富的营养。据中国营养学会 2008 年 1 月出版的《中国居民膳食指南》,藕的营养成分含量（以每 100 克可食部分计）如下:能量 740.6 千焦、热量 175.7 千焦、维生素 C 19 毫克、维生素 B_1 0.04 毫克、维生素 B_2 0.01 毫克、膳食纤维 2.6 克、锌 0.24 毫克、烟酸 0.12 毫克、硒 0.17 毫克、叶酸 10.3 微克;其他营养物质有脂肪、蛋白质、胡萝卜素、碳水化合物及钠、铜、磷、锰等。

据《中国蔬菜栽培学》记载,每 100 克鲜菱角果实中含水分 69.2 克、蛋白质 3.6 克、脂肪 0.5 克、碳水化合物 24.0 克、粗纤维 1.0 克、钙 9 毫克、磷 49 毫克、铁 0.7 毫克、胡萝卜素 10 毫克、硫胺素 0.23 毫克、核黄素 0.05 毫克、烟酸 1.9 毫克,抗坏血酸 5 毫克。

慈姑球茎中富含大量淀粉,含蛋白质、脂肪,还含有多种维生素等。

茭白营养丰富，每100克干重含粗蛋白21.75～23.359克、脂肪0.63～0.669克、维生素C 685～720毫克、还原糖9.16～9.449克、氨基酸11.26～12.699毫克，含17种氨基酸。其中苏氨酸、甲硫氨酸、苯丙氨酸、赖氨酸等为人体所必需的氨基酸。

(2)淡水蔬菜的保健价值

淡水蔬菜除了具有较高的营养价值外，还具有一定的保健功能。

藕性凉(熟食则性温)，味甘，具有养阴生津润肺止咳、健脾益气、散瘀消肿、凉血止血等功效；熟食则能养血补心、健脾开胃、消食、生肌、止泻，适用于热病口渴、食欲不振、久泻久痢等症，并有减肥美容及预防动脉硬化的作用。

茭白具有“解烦热、调肠胃”、“解酒毒”等药用保健功能与价值。

慈姑能抑制癌细胞的增殖，具有抗癌肿、解毒的保健价值。中医上还认为慈姑有清肺止咳的功效，民间素有“内火旺喝慈姑汤”的说法。

菱角的药用及保健功能如下：

①除湿祛风，用于风湿痹痛、腰腿疼痛、四肢麻木、全身泛发性湿疹、风疹等。

②清暑解热，常用于夏季中暑、烦躁口渴、伤寒积热、疟疾。

③益气健脾，用于脾胃虚弱、脘腹胀满、消化不良、声音低弱、脱肛等。

④抗癌，用于食道癌、乳腺癌、宫颈癌等症的食疗。日本

《信使周刊》载，菱对癌细胞的抑制率为28.8%。

⑤解酒毒，用于酒后烦渴。

(3)海水蔬菜的营养和保健价值

海水蔬菜不仅口味独特，而且营养丰富。经检测，海水蔬菜除含有陆地普通蔬菜所含的各类营养成分外，粗蛋白质、维生素B、维生素C、胡萝卜素含量均高于陆地普通蔬菜。其中，胡萝卜素含量高出40倍，矿物质元素锌、锰、碘、钠等高出2～6倍。而且，目前已培育出的海水蔬菜多数能生食，适应家庭大众消费。

海水蔬菜还具有较好的保健食疗功效。新鲜海水蔬菜中含有生命所必需的营养成分。有些海水蔬菜还具有降低胆固醇、血脂的功能，对高血压、糖尿病等均有很好的疗效。例如，海蓬子采用全海水灌溉培育，不仅其肉质化的幼茎是一种优良的蔬菜，且脂肪含量低，含碱成分高，可促进人体内的酸碱平衡，对高血压、高血脂、高胆固醇具有明显的调节作用；还有提高人体免疫力及预防帕金森综合征的特殊功效。

海菠菜含有钾、钠、钙、镁、镍、锌、钼、铜、碘、氟等多种微量元素。这些微量元素对人体的生长发育、新陈代谢和生理调节等方面有着广泛的作用。海菠菜含多糖的种类齐全，有鼠李糖、葡萄糖、木糖、三碳糖、岩藻糖、甘露糖、半乳糖、阿拉伯糖等。这些多糖具有降血脂、降胆固醇、抗凝血以及辅助治疗心血管疾病等作用。

目前，以海水蔬菜为原料，进行综合深加工和食品、保健品开发，市场前景非常广阔。例如，保健生物碘、胡萝卜素、混合氨基酸等产品的开发与利用，不仅可提高其附加值，而且颇受消费者欢迎。

3. 我国水生蔬菜地理分布有什么特点?

我国是世界上最早利用水资源种植蔬菜的国家。绝大多数淡水蔬菜的原产地在我国,同时,我国也是驯化栽培淡水蔬菜历史最悠久的国家,国外较少栽培或没有栽培。浙江余姚河姆渡文化遗址中,发现了莲藕、菱和蒲菜等水生植物的花粉化石。据测定,这些化石距今已有 7 000 年之久。由此可见,在远古时代,长江中下游地区就已有淡水蔬菜植物的生长和分布。公元前 6 世纪,《诗经》中有"彼泽之陂,有蒲与荷"、"山有扶苏,隰有荷华"之记载,表明当时莲藕在中国已有较广泛的分布。我国淡水蔬菜品种之多、分布之广、生产面积之大在当今世界各国中堪称首位,是中国蔬菜产业中的一大特色。

(1)淡水蔬菜的分布

淡水蔬菜大多分布于我国长江流域以南,以江苏、浙江、安徽、江西、湖北、湖南、福建、台湾、广东、广西诸省(区)栽培较多。其中,尤以洞庭湖、鄱阳湖、巢湖、太湖、洪泽湖、高邮湖等湖泊周边地区及珠江三角洲面积最大,北方局部气候水资源适宜地区有小面积栽培。

当前,南方地区尤其是长江流域各省、市,水生蔬菜种植面积迅速增加。江苏省的太湖、洪泽湖两大淡水湖流域,水生蔬菜种植面积已达 180 万亩,其中宝应县种植面积近 12 万亩,1998 年被国务院有关部门评为首批"中国荷藕之乡"。湖北省利用其地理位置优越、交通方便的优势,近年来大力发展水生蔬菜,种植面积也已达 150 万亩。我国高原地区最大莲藕产区在云南省安宁市浅水藕生产基地，现莲藕种植面积已稳定达到2万亩左右，成为我国高原地区最大的莲藕产区。

(2)海水蔬菜的分布

海水蔬菜对生长环境要求不高，分布广泛，在我国主要分布于沿海近海地区以及海边滩涂等有海水灌溉的地区。例如，海蓬子在我国辽宁、河北、山东、江苏、浙江等地均有广泛的分布；海英菜主要分布于我国东北、华北、华东、华中等近海域地区；海芹菜为温带性海藻，能忍受较高的水温，我国自然生长的海芹菜主要分布在浙江省的舟山群岛及嵊泗岛，青岛和大连地区有一定面积分布的从朝鲜和日本移植的海芹菜；海菠菜主要栖息在中、低潮区及大潮干潮线附近的石砾、岩礁、贝壳等场所以及中、低潮带岩石上，尤见于水质肥沃的内湾，广泛分布于西太平洋沿海，在我国野生藻类中资源极为丰富，是黄海、渤海产量最大的一种绿藻。

4. 水生蔬菜在我国蔬菜产业中的地位如何？

(1)水生蔬菜是我国部分地区蔬菜产业中的一类重要蔬菜

水生蔬菜与其他蔬菜相比具有明显的优势。大部分淡水蔬菜为我国原产和特有，我国农民有较成熟的栽培经验。另外，目前，生产上淡水蔬菜基本可实现水旱轮作、间期套作、种养结合等栽培模式，加之物理防治病虫害措施的大力推广，病虫害发生率低，农药使用量相对较少，尤其是以含盐量较高的海水灌溉的海水蔬菜，受污染程度相对较低或没有污染，对人体健康十分有利。随着经济社会的发展，人们对于这种低热量、高蛋白、无污染的水生蔬菜需求明显增加。目前，南方地区尤其是长江流域各省、市，水生蔬菜种植面积迅猛增加，成为整个蔬菜产业中最具有特色的重要组成部分。

(2)水生蔬菜在调节蔬菜市场供应具有重要作用

大部分水生蔬菜产品具有优良的储藏加工性，在调节蔬菜季节性供应及开发蔬菜加工业市场中具有不可替代性。

杭州的西湖藕粉远销国外。莲藕可制成盐水藕、蜜饯，也可制成鲜藕汁。目前，茭白冷藏保鲜已成为茭白产业发展的一项关键技术，应用较广泛。新采壳茭及时预冷进库，并保持0～2℃低温，可储藏1～3个月，品质基本不变，大大延长了茭白市场供应期并稳定了市场价格。茭白除冷藏保鲜外，还可加工成盐渍菜、茭白干。荸荠可加工清水马蹄外，也可以制成荸荠汁。芋艿可制成芋泥、芋饺。菱角可干制成菱米、菱粉、菱糕，或作为冰淇淋的栗粉代用品。

除此之外，海水蔬菜加工作为一种新型产业也初具规模。利用全海水灌溉生产的海蓬子除用作蔬菜食用外，加工业价值也颇具前景。海蓬子籽油味道颇佳，胜似橄榄油，可制成优质食用油，还可作为生物制药，具有抗肿瘤、抗氧化、抗动脉粥样硬化、降低动物和人体胆固醇以及甘油三酯和低密度脂蛋白胆固醇、提高免疫力、营养脑细胞、调节植物神经、提高骨骼密度、防治糖尿病等多种重要生理功能。海蓬子籽榨油后的饼粕含有40%的粗蛋白，可作为食品添加剂，还能替代进口的大批蛋白精饲料，对于家畜饲养与水产品养殖意义非常重大。

(3)水生蔬菜产业化是我国一些特定地区发展效益农业的重要途径

近年来，江苏、浙江等长三角地区及广州、深圳等珠江三角洲地区利用其温暖湿润的气候特点大力发展莲藕、茭白等水生蔬菜产业，并利用大棚设施或简易覆盖进行早熟栽培，提早采收上市时间，大大提高了经济效益。其产品除本地鲜销外，还进行冷库储存，大量销往北方地区，或制成脱水、速冻产品出口创汇，大大增加了农民收入，活跃了当地农村经济。

海水蔬菜充分利用海滨滩涂等盐碱地，利用“取之不尽，用之不竭”的海水资源来发展农业，其产品营养与保健价值均高于普通蔬菜，而且纯天然无污染，是目前公认的有机食品。海水蔬菜不仅适于鲜食，也适于脱水、冷藏、冷冻储藏；通过深加工，还可制成保健饮料、减肥药品、美容化妆品等系列高科技生物制品，既适应人们对于蔬菜品种种类的优质化多样化需求，又可大大提高社会经济效益。

目前，我国国内蔬菜价格只有国际市场的 1/5～1/10，水生蔬菜更在 1/10 以下，国际市场发展空间与潜力极大。目前，水生蔬菜深加工产业刚刚进入发展时期，其产品产值还有巨大的提升空间，国际市场发展前景十分看好。因此，发展水生蔬菜是农业产业结构调整的一个重要发展方向，是我国发展效益农业的重要途径。

5. 目前我国水生蔬菜产业有什么特点?

第一，水生蔬菜种植规模不断扩大，并形成“块状”产业带。水生蔬菜大多分布于长江流域及其以南地区。据统计，2000 年年底，我国水生蔬菜种植面积在 975 万亩以上。其中，栽培面积最大的是莲藕，其栽培面积已达 300 万亩以上；其次为茭白，栽培总面积在 45 万亩以上。在当前大力提倡

“绿色农业”、“资源型农业”的形势下，南方地区尤其是长江流域地区，水生蔬菜种植面积迅速增加，如近年来安徽省岳西县集中连片的高山茭白就达万亩之多。

同时，各种植地区利用地方特色品种及当地优良气候条件大力发展水生蔬菜，形成“块状”产业带。以浙江省为例，杭州市余杭区的双季茭种植基地是浙江省水生蔬菜基地之一，不仅发展双季茭，而且慈姑、荸荠等水生蔬菜也有一定规模，形成1万多亩以上名特优水生蔬菜基地。武义县柳城镇的白莲栽培已有千年历史，子莲生产是当地的传统产业，不断引进“十里荷1号”子莲等品种，使当地的子莲产量大幅度提高，子莲生产已经成为当地稳定的一个产业。该省利用省内海拔400～1 000米的高山平地和梯田夏季气候冷凉的特点形成不同地段的高山茭白，不但茭白产量高，而且品质优、价格高，还补充了当地蔬菜淡季供应，迅速形成具有地方特色的块条产业。除此之外，台州市黄岩、丽水市缙云一带的双季茭白，嘉兴市的单季茭白，浙江中部的毛芋、菱、田藕等，均已形成相当规模的产业带。

第二，品种资源的保护与利用受到人们高度重视。大部分水生蔬菜通过无性繁殖，种质变异程度较有性繁殖小。生产上，水生蔬菜主要通过芽变来选种，但大部分芽变是不利变异，有利芽变频率较小。因此，水生蔬菜新品种的选育进程较慢，种质资源创新工作有一定困难。

20世纪80年代中期，湖北省武汉市蔬菜科学研究所在农业部等部门资助下，建立了“国家水生蔬菜品种资源圃”，至今已搜集、整理、保存了1 800余份水生蔬菜品种资源，并开展了品种资源整理及新品种选育工作，成效显著。近年来，各地农业科研机构及农业生产合作社对品种资源保护与利用的重视程度大大提高。例如，浙江省台州市黄岩、丽水市缙云一带及浙北嘉兴市、浙江中部地区根据当地气候环境特点、生产实际与消费偏好等因素，均已成功选育出适合当地种植的地方品种，并大力推广应用，形成当地特色产业的主导品种。

第三，海水蔬菜成为我国水生蔬菜产业中的重要内容。在沿海滩涂，利用海水资源发展种植盐生作物的海水农业，完全符合循环经济的理念和可持续发展的要求。海水农业与传统淡水农业相比有以下显著的特点：

①不需淡水灌溉，可直接利用丰富的海水资源，投资少，见效快，具有较高的经济效益。

②不占用基本农田，可直接在沿海滩涂上种植，具有较高的社会效益。

③不施用化学肥料和化学农药，可避免农业非点源污染，提供安全食品，具有良好的生态效益。

据调查，经过近几年的发展，海水蔬菜产业已成为现代农业发展的一个新亮点，已经初具规模。

6. 我国水生蔬菜发展前景如何？

(1)水生蔬菜生产技术创新与发展前景

目前，生产上利用早熟品种、早熟栽培技术、山区自然资源优势、温室大棚及简易覆盖等设施条件使水生蔬菜早熟高产高效栽培成为现实。生产上，利用海拔 400～500 米的水田种植双季茭白，能使夏茭的采收期延迟到 6～7 月份；利用水库的底层冷水浇灌早熟单季茭成株，可使茭白的采收期提前到7月份(当地农民称其为“冷水茭”);在海拔800~1 000米处种植单季茭,可使单季茭收获期提前到7~8月份;利用莲藕莲鞭扦插繁殖技术,义乌市农技人员对东河早藕、浙藕3号进行春季覆盖栽培,5~6月份收获春藕,并把不能上市的小种藕重新加密排植,莲藕重新发芽生长,还可以收获一季秋藕,形成“双季藕”栽培新技术。

另一方面,水生蔬菜一直以绿色无污染为其一大特色,如生产上不注意农药、化肥的使用,整个水生蔬菜产业发展将会受到严重影响。因此,为保障水生蔬菜产品安全,发展绿色水生蔬菜产业,必须进行科学防治病虫害。生产上可采用生物防治、物理防治和农业防治相结合的综合防治病虫害的重要策略,大力推广发展水生蔬菜种养模式,生物农药逐步替代化学农药。例如,最近几年茭白产区利用频振式杀虫灯、性诱剂扑杀茭白二化螟等害虫,发展套养红鲤鱼、鸭子、泥鳅等种植模式,实现茭白的安全生产。

(2)水生蔬菜加工产业前景

随着经济的发展和生活水平的提高,人们对食品的营养性、多样性和安全性有了更高的要求,名特优蔬菜消费正成为潮流,国内市场对保健蔬菜和有机食品的需求量越来越大。海水蔬菜以其高蛋白、高维生素、高膳食纤维、低脂肪、低热量的优质营养特点成为蔬菜食品消费市场的新宠。目前,海藻的食用价值成为解决食物短缺的希望。人们正在寻求高蛋白、低脂肪的健康食品,海水蔬菜以其营养成分丰富、口味独特、无公害、耐储藏的特点,在国内外市场发展潜力巨大。

从产品深加工来看,海水蔬菜产品深加工涉及食品、调味品、保健品、养殖业及医药化工等多个领域和行业,且其深加工的市场价格是鲜菜的几倍甚至数十倍。其中,海水蔬菜中的生物碘已成为国际上生物学及生物保健领域的热门研究课题,将为海水蔬菜产业发展提供广阔的市场空间。

虽然近几年我国水生蔬菜无论从规模还是效益都有较大的发展,但总体上看,种植模式仍较粗放,产品仍以粗加工为主,其附加值有待提高。随着适应市场需求的加工专用新品种的培育与推广、种植面积的增加、储藏技术和加工工艺的研究与开发利用,水生蔬菜的加工产业将进一步发展,前景十分看好。

7.水生蔬菜的生产具有哪些共同特点?

据历史考证,水生蔬菜也是由陆地蔬菜演变而来,因此,它们对环境条件的适应性及栽培管理方面有着共同的特点。

第一,水生蔬菜生产离不开水。无论是海水蔬菜还是淡水蔬菜,水生蔬菜均为需水植物。茭白、莲藕等水生蔬菜离开水就不能生长;水量不足、水质不好,生长也会受到影响。从其植株本身组成来看,水是水生蔬菜的主要成分。有些产品的含水量达 95%~97%,只有成熟种子中的含水量和旱生蔬菜种子的含水量相似。除部分海水蔬菜可在海域滩涂种植外,水生蔬菜的光合作用、呼吸过程以及一切有机物的合成都必须在水中进行。水生蔬菜在生长发育中需吸收多种物质,其中数量最大的也是水,其叶面上的气孔多于旱生蔬菜,所以通过气孔散发的水分也就更多,需水量也就更大。

利用海水浇灌的耐盐海水蔬菜同样也离不开水,因为海水蔬菜生长发育所需的矿物质营养均来自海水，一旦没有海水浇灌便不能生存。目前，海蓬子、海英菜、海菠菜等海水蔬菜的生产方式，一种是利用海滨滩涂盐碱地种植，海水浇灌；另一种是直接在浅海域水面栽培。但无论哪种生产方式，均离不开水。

第二，生产上必须考虑到水生蔬菜与水环境相适应的特性。由于水生蔬菜生长在水里，所以它们的生长形态、组织结构、生理生化功能等方面具有和水环境相适应的特点。莲藕、茭白、菱、慈姑等淡水蔬菜根系较弱，根毛退化，根系的主要功能表现为固定植株生长。因此，水生蔬菜对土壤养分吸收能力弱，在土层深厚、富含有机质、肥沃而较黏的土壤上栽培为宜；生育期间必须保持一定水层，水位不可猛涨猛落，但不同类型及不同品种对水层水位要求不同。水生蔬菜植株体内的水分多，细胞壁薄，纤维的比重很低，植株体很软弱，因此，生产上必须注意防范大风天气。

第三，淡水蔬菜喜温而不耐寒。冬季地上部分枯死，以地下茎在土中越冬。除菱、芡实及部分海水蔬菜为种子播种外，都以球茎、根茎、地下茎等营养器官作为播种材料，因此，生产上用种量较大。

淡水蔬菜要求温暖而不耐低温，一般在无霜期间生长。来年气温回升时，地下茎等营养器官芽萌发长成新的植株。长在水里的部分，对气温不那么敏感，故能在严冬或酷暑中成为可供淡季供应的蔬菜。如莲的地下茎充分成长之后，便可储存在水下泥中，供随时取食；长江以南，终年可以吃到鲜藕。又如，慈姑、荸荠等可储存在冬季泥土中，随时取用。

8. 我国水生蔬菜产业化模式有哪些?

(1) 水生蔬菜栽培方式

露地栽培是水生蔬菜的主要栽培方式。茭白、莲藕、慈姑、荸荠、芡实、菱等多为露地栽培。但某些种类,如慈姑、芡实、菱等的苗期或生长早期采用温床或塑料棚内播种育苗,以促进幼苗生长。

近年来,我国主要水生蔬菜生产地区大力发展莲藕、茭白等水生蔬菜设施栽培,产品的采收期提前,产量提高,经济效益较高。例如,浙江省黄岩市的设施夏茭采收期提早到 3 月份;义乌市利用简易拱棚以及大棚栽培等技术,使莲藕、菱的采收期提早到 5 月上旬;杭州市余杭区的芡实种植也在早春实行大棚栽培,产量明显提高。

(2) 水生蔬菜产业化栽培模式

近年来,我国水生蔬菜形成了一套特色栽培模式。通过巧妙利用不同种类农作物的生长发育时间差进行组合搭配,实行水旱轮作,有利于土壤物理特性的修复,既可节约用地,又可提高作物产量,开辟了一条发展水生蔬菜的良好途径。现列举以下几种常见栽培模式:

①莲藕—晚稻—旱生蔬菜模式。该模式中,莲藕采用早熟栽培技术,主要是利用塑料大棚、中小棚、地膜等设施以及包括选用早熟品种、加大用种量、增加密度、提早定植、及时采收上市等栽培措施进行促早栽培。江、浙地区一般 7 月上中旬藕采收完毕。晚稻 6 月中旬开始育苗,7 月中旬栽植,10 月中下旬收割。晚稻收割后,再种一季旱生蔬菜。在 10 月底至

翌年莲藕定植前采收完毕，不影响第二年的莲藕定植。适宜的旱生蔬菜种类有小白菜、红菜薹、春萝卜、芹菜、菠菜、雪里蕻等。

②水生蔬菜轮作模式。该模式中，第一茬莲藕采收后，接茬种植水生蔬菜，如慈姑、水芹、豆瓣菜等。

③配茬套种模式。在莲藕成熟后，暂时不采挖，仅先清除荷秆，然后直接在莲藕田内配茬种植蔬菜。该模式中，一般要求后茬蔬菜生长期较短，不影响地下莲藕产品的按时采收。种植旱生蔬菜前应放干田水，使土壤干燥。例如，莲藕—水稻—慈姑等套种模式。

④水生蔬菜—鱼（家禽）种养结合模式。积极探索种养有机结合，提高单位面积的经济效益，是发展水生蔬菜的有效途径。例如，鱼塘种茭白、莲藕田养鱼、茭白田养鳝、茭白田养鸭等，种养结合达到双丰收。茭、鱼、鸭、田螺等立体混合种养技术，更增加了单位面积产出效益。适宜的鱼类如黄鳝、泥鳅、鲫鱼、鲤鱼、鲶鱼、黑鱼等。

9. 什么是无公害农产品？水生蔬菜无公害质量标准有哪些？

(1)无公害农产品的概念与标志

根据《无公害农产品管理办法》第一章第二条的规定，无公害农产品是指产地环境、生产过程和产品质量符合国家有关标准和规范的要求，经认证合格获得认证证书并允许使用无公害农产品标志的未经加工或初加工的食用农产品。

无公害农产品有专门标志。无公害农产品的标志图案如

图 1 所示。标志图案主要由麦穗、对勾和无公害农产品字样组成。麦穗代表农产品，对勾表示合格，金色寓意成熟和丰收，绿色象征环保和安全。标志图案直观、简洁、易于识别，含义通俗易懂。

图 1　无公害农产品标志

(2)水生蔬菜无公害质量标准

水生蔬菜无公害标准不是单一的产品标准，而是由一系列标准构成的完善的标准体系。其包括以下标准：

①产地环境标准。水生蔬菜产地环境应符合 NY 5331—2006《无公害食品　水生蔬菜产地环境条件》标准。在产地环境的土壤环境质量、空气及灌溉水等方面，技术指标与国家标准 GB 15618—1995、GB 3095—1996、GB 5084—1992 是一致的；其中，空气和土壤环境质量指标系采用国家标准中的二级指标。

②生产技术标准。无公害水生蔬菜生产技术标准，一部分是对生产过程中的投入品如农药、肥料、生长调节剂等生产资料使用方面的规定；另一部分是针对具体生产技术规程。农业投入品应符合 NT/T 5017—2001《无公害食品　肥料使用准则》和 NY/T 5018—2001《无公害食品　农药使用准则》等普适性标准。具体生产技术标准（规程）应按照当地无公害水生蔬菜地方标准操作。

③产品标准。水生蔬菜产品应符合 NY 5238—2005《无公害食品　水生蔬菜》行业标准。

④标志使用、包装及储运标准。水生蔬无公害标志必须

经有关部门无公害农产品认证后方可使用;产品的包装、储运必须符合无公害产品包装储运标准;产品的外包装除必须符合国家食品标签通用标准外,还必须符合无公害包装和标签标准。

10. 生产无公害水生蔬菜需具备哪些条件?

(1)产地环境条件

水生蔬菜产地环境应符合 NY 5331—2006《无公害食品 水生蔬菜产地环境条件》。该标准要求在"生态条件良好、远离污染源并具有可持续生产能力的农业生产区域"选择产地。在产地环境的土壤环境质量、空气及灌溉水等方面,应遵循国家标准 GB 15618—1995、GB 3095—1996、GB 5084—1992。其中,空气和土壤环境质量指标系采用国家标准中的二级指标。

(2)农业投入品

农业投入品主要包括农药、植物生长调节剂、肥料及添加剂等。农业投入品应符合《绿色食品 肥料使用准则》和《绿色食品 农药使用准则》等普适性标准。

(3)产品的认证

至今,已经发布的涉及无公害食品蔬菜认证管理的农业行业标准有 NY/T 5341—2006《无公害食品 认定认证现场检查规范》、NY/T 5340—2006《无公害食品 产品检验规范》、NY/T 5343—2006《无公害食品 产地认定规范》、NY/T 5342—2006《无公害食品 产品认证准则》、NY/T 5344.1—2006《无公害食品 产品抽样规范 第一部分:通则》及 NY/

T 5344.3—2006《无公害食品　产品抽样规范　第三部分：蔬菜》。水生蔬菜无公害农产品的认证必须遵循上述无公害食品标准体系中的有关规定。

11. 什么是绿色食品？水生蔬菜绿色食品质量标准有哪些？

绿色食品是指遵循可持续发展原则，按照特定生产方式生产，经专门机构认定，许可使用绿色食品标志的无污染的安全、优质、营养类食品。自然资源和环境条件是食品生产的基本条件。国际上通常将与生命、资源、环境保护相关的事物冠之以“绿色”。为了突出食品出自良好的生态环境，并能给人们带来旺盛的生命活力，因此，将其定名为“绿色食品”。绿色食品分为 AA 级和 A 级 2 个等级。

(1)AA 级绿色食品

AA 级绿色食品是指生产地的环境质量符合 NY/T 391《绿色食品　产地环境技术条件》，生产过程中不使用化学合成的肥料、农药、兽药、饲料添加剂、食品添加剂和其他有害于环境和人体健康的物质，而是通过使用有机肥、种植绿肥、作物轮作、生物或物理方法等技术培肥土壤、控制病虫草害、保护或提高产品品质，从而保证产品质量符合绿色食品产品标准，并经专门机构认定，许可使用 AA 级绿色食品标志的产品。

(2)A 级绿色食品

A 级绿色食品是指生产地的环境质量符合 NY/T 391《绿色食品　产地环境技术条件》，生产过程中严格按绿色食品生产资料使用准则和生产操作规程要求，限量使用限定的化学合成生产资料，并积极采用生物学技术和物理方法，保证产品质量符合绿色食品产品标准，并经专门机构认定，许可使用A级绿色食品标志的产品。

(3)绿色食品的标志

绿色食品也有相应的标志。绿色食品的标志(图2)由三部分构成，即上方的太阳、下方的叶片和中心的蓓蕾，象征自然生态；颜色为绿色，象征着生命、农业、环保；图形为正圆形，意为保护。其中，AA级绿色食品标志与字体为绿色，底色为白色；A级绿色食品标志与字体为白色，底色为绿色。

AA级绿色食品标志　　A级绿色食品标志

图2　绿色食品标志

(4)水生蔬菜绿色食品标准

水生蔬菜绿色食品标准也不是单一的产品标准，而是由一系列标准构成的完善的标准体系。其包括以下标准：

①产地环境标准。产地环境标准应符合NY/T 391—2000《绿色食品　产地环境质量标准》。

②产地大气环境质量标准。产地大气环境质量应符合

GB 3095—1996《环境空气质量标准》及 GB 9137—88《保护农作物的大气污染物最高允许浓度》。

③农田灌溉水标准。农田灌溉水标准在参照 GB 5084—92《农田灌溉水质标准》与地面水质标准基础上进行了修订，其限值在地表水标准 Ⅲ 类与 Ⅳ 类之间。

④土壤环境质量标准。1995 年 7 月，国家环保局和国家技术监督局发布了 GB 15618—1995《土壤环境质量标准》。该标准将土壤环境质量分为三级：一级为保护区域自然生态，维持自然背景的土壤环境质量的限制值；二级为保障农业生产，维护人体健康的土壤限制值；三级为保障农林生产和植物正常生长的土壤临界值。绿色食品土壤环境质量标准在国家的一级与二级之间，并依据《中国土壤普查技术》增加了土壤肥力作为参考标准。

⑤生产技术标准。一部分是对生产过程中的投入品如农药、肥料、生长调节剂等生产资料使用方面的规定，另一部分是针对具体生产技术规程。农药、肥料等生产投入品的使用必须符合 NY/T 393—2000《绿色食品　农药使用准则》、NY/T 394—2000《绿色食品　肥料使用准则》。具体生产技术规程应按照国家及地主标准操作。

⑥产品标准。产品必须符合 NY/T 1405—2007《绿色食品　水生蔬菜》的要求。

⑦标志使用、包装及储运标准。绿色食品标志必须经绿色食品产品认证后方可使用。产品的包装、储运必须符合绿色食品包装储运标准。产品的外包装除必须符合国家食品标签通用标准外，还必须符合绿色食品包装和标签标准。

12. 水生蔬菜要达到绿色食品生产要求需具备哪些条件？

水生蔬菜要达到绿色食品生产要求必须同时具备以下条件：

①生产基地必须符合绿色食品生态环境质量标准。水生蔬菜基地区域内没有工业企业的直接污染，水域上游、上风口没有污染源对该区域构成污染威胁。该区域内的大气、土壤、水质均符合绿色食品生态环境标准，并有一套保证措施，确保该区在今后的生产过程中环境质量不下降。

②生产过程必须符合绿色食品生产操作规程。农药、肥料、生长调节剂等生产资料的使用必须符合《绿色食品　农药使用准则》、《绿色食品　肥料使用准则》。

③水生蔬菜产品必须符合农业部制定的绿色食品质量和卫生标准。凡冠以“绿色食品”的最终产品必须由中国绿色食品发展中心指定的食品监测部门依据绿色食品产品标准检测合格。

④产品外包装除必须符合国家食品标签通用标准外，还必须符合绿色食品特定的包装、装潢和标签规定（NY/T 658—2002《绿色食品　包装通用准则》）。

13. 什么是有机食品？生产有机食品需具备哪些条件？

有机食品指来自有机农业生产体系，根据有机农业生产要求和相应标准生产加工，并且通过合法的独立的有机食品认证机构认证的农副产品及其加工品。而所谓有机农业是指一种完全不使用或基本不使用人工合成的化学肥料、农药、生长调节剂、家畜禽饲料添加剂等人工合成物质，也不使用基因工程生物及其产物的生产体系。

根据有机食品的定义，一种食品要成为有机食品，必须满足以下条件：

①食品原料必须是来自于已经建立或正在建立的有机农业生产体系，或者是采用有机方式采集的野生天然产品。

②在整个生产过程中必须严格遵循有机食品的加工、包装、储藏、运输的标准和要求。

③在生产和流通过程中必须有完整的质量控制体系和跟踪审查体系，并有完整的生产和销售记录及档案。

④在整个生产过程中尽最大可能减小对环境的污染和生态破坏的影响。

⑤必须通过独立的经认可的有机食品认证机构的认证。

有机食品有相应的标志，“中国有机产品”标志的主要图案由三部分组成(图3)，即外围的圆形、中间的种子图形及其周围的环形线条。

图3　中国有机产品

标志外围的圆形形似地球，象征和谐、安全；圆形中的“中国有机产品”字样为中英文结合方式，既表示中国有机产品与世界同行，也有利于国内外消费者识别。

标志中间类似于种子的图形代表生命萌发之际的勃勃生

机，象征了有机产品是从种子开始的全过程认证，同时昭示出有机产品就如同刚刚萌发的种子，正在中国大地上茁壮成长。

种子图形周围圆润自如的线条象征环形道路，与种子图形合并构成汉字“中”，体现出有机产品植根中国，有机之路越走越宽广。同时，处于平面的环形又是英文字母“C”的变体，种子形状也是英文字母“O”的变形，意为“China Organic”（中国有机）。

绿色代表环保、健康，表示有机产品给人类的生态环境带来完美与协调。橘红色代表旺盛的生命力，表示有机产品对可持续发展的作用。

有机食品的生产需具备以下条件：

①产地要求。产地环境标准应符合 GB/T 19630.1—2005《有机产品》中产地环境标准要求。

有机生产基地的环境质量要求就是常规农业生产的国家标准的相关要求。在选择基地时，只要按照 GB 5084—92《农田灌溉水质标准》和 GB 15618—1995《土壤环境质量标准》检测灌溉用水和田块土壤质量，水质达到相应种植的水质标准和土壤达到二级标准即可。但是，由于我国的农业环境污染和破坏比较严重，在选择有机食品基地时要考虑地块周围的环境问题。一是地块集中连片，能够满足生产品种的稳定供应及轮作的需要，且周围没有明显的和潜在的污染源，尤其是没有石灰厂、水泥厂、化工企业等高污染企业。二是基地周围有较丰富的有机肥源。三是有清洁的灌溉水源。四是土壤的背景状况较好，没有严重的化肥、农药、重金属污染的历史。五是地块离交通要道有一定的距离，要设立明显的缓冲隔离带。

②品种要求。要求适应当地的土壤、气候特点及市场需要并对病虫害有抗性的蔬菜种类及品种，禁止使用任何转基因种子。

③灌溉设备。建议采用喷灌或滴灌设备。

④肥料、药品。具有充分腐熟的农家有机肥作基肥，追肥可用经过专门通过有机认证过的有机专用肥。防治病害可施用波尔多、硫黄、石灰水、碳酸铜溶液、高锰酸钾及抑制真菌病害的软皂水、辣椒水、醋等。用杀虫灯、黑光灯、黄板、性诱剂等来诱杀害虫。可以限量使用鱼藤酮、植物来源的除虫菊酯、微生物源 Bt 制剂、乳化植物油和硅藻土来杀虫。

14. 什么是良好农业生产规范？现代水生蔬菜生产为什么要执行良好农业生产规范？

(1)良好农业规范的概念

良好农业规范指通过全程质量控制体系的建立，打破农产品生产、加工、销售(贸易)脱节的传统格局，实施从农田到餐桌的全过程质量控制，即从作物生产至采收、产地加工及运输储藏等整个生产环节实施质量管理控制，从根本上解决食品质量与安全问题。

(2)现代水生蔬菜生产执行良好农业规范的意义

第一，有利于进一步完善水生蔬菜生产的标准体系。目前，我国制定的水生蔬菜产业标准很多，主要集中在产品、方法、生产技术规程等方面，行业标准、地方标准达数百个，使得整个体系存在很多交叉重复，技术指标要求不统一，具体实施难度很大。而良好农业规范标准体系不仅包括技术标准体系，还包括管理标准体系和工作标准体系，在其实施过程中每个环节都要制定相应的控制点和符合性规范，从而使水生蔬菜生产体系得以进一步完善，并与国际农产品生产标准体系接轨，可以从源头上彻底解决困扰我国农产品生产发展的农残、质量等问题。

第二，可促使水生蔬菜产品农药残留、清洁卫生等问题实现标本兼治。良好农业规范强调生产全过程质量控制。只有从根源抓起，才能从本质上消除隐患，提高产品的质量。产品的农残检测只是“治标”，而规范生产过程的管理才是“治本”。

目前，国内的无公害农产品、有机农产品、绿色食品的认证对规范水生蔬菜生产过程起到了积极的推动作用；但随着水生蔬菜产品出口市场的扩大，要适应日益变化的世界贸易环境仅此还不够。良好农业规范要求建立质量追溯体系和采用动态的监督控制措施，在实施过程中将事后的监督提前到全程动态控制，既看重产品质量卫生指标的检测结果，也看重产品整个生产全过程控制和管理。因此，在水生蔬菜生产领域实施良好农业规范符合市场发展的趋势。

第三，促进消费者食品质量安全意识的提高。良好农业规范在我国农产品业界尚处在起步阶段，与之相配套的农产品生产各个层面的控制点和符合性规范还没有确立，通过对良好农业规范的实施和宣传，广大消费者必将进一步了解和熟悉其基本原理和实质性内容，促进自身对食品安全意识的提高。

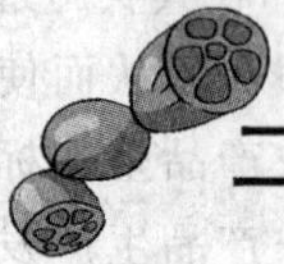

二、莲藕的生产技术

15. 莲藕茎叶有哪些特点?

莲藕为多年生水生草本植物，属睡莲科莲属中能形成肥嫩根状茎的栽培种(图 4)。莲藕的根、茎、叶、花(果)各具特点。

图 4　莲藕

(1)根

莲藕根为须状不定根，环生于根状茎各节上。根系较弱，根毛退化。因此，莲藕适合富含有机质的淤泥层栽培。

(2)茎

茎为根状茎,又称莲鞭或藕鞭。莲鞭多在10～13节开始膨大形成新藕。新藕多由3～6节组成,称主藕。主藕抽生分枝,称子藕。子藕还可抽生孙藕。主藕及子藕为藕莲的主要食用部分。因此,栽培上通过各种栽培措施来实现根状茎的膨大发育,如施肥、中耕、摘花等。

(3)叶

莲藕叶通称荷叶。荷叶有钱叶、浮叶、立叶、后栋叶、终止叶之分。钱叶指从种藕上发生的叶片,该叶片很小(故称钱叶),细软不能直立,沉入水中。浮叶指种藕抽生莲鞭后发生的2～3片叶片,这些叶片较小,叶柄柔软、易弯曲,不能直立而浮于水面,故称浮叶。立叶指高出水面的荷叶,叶柄粗硬,挺立水面。后栋叶是结藕前的一片叶柄最粗硬、最高大的立叶,标志着地下茎开始结藕。终止叶为最后生长的叶片,叶色最深、卷叶,标志着莲藕的成熟。

栽培上可根据莲藕各类型叶片出现的时间来作为辨别莲藕的生长发育与决定栽培管理措施的依据。例如,在栽植后、浮叶出现前施肥可以促早发,后栋叶出现后施重肥以促新藕肥大,终止叶出现标志着采收期的到来。

(4)花

莲藕花通称荷花。以根状茎为食用器官的藕莲品种类型花较少或无花,以莲子为食用器官的子莲品种类型和以荷花为利用价值的花莲品种类型花较多。花谢后,留下倒圆锥形的大花托,即为莲蓬。莲蓬内含种子,即莲子。开花至莲子成熟需 40～50 天。莲子可用于繁殖，但变异较大，生产上多用种藕进行无性繁殖。

16. 莲藕品种类型有哪些？

根据产品器官的利用价值，莲藕可分为藕莲、子莲和花莲 3 个类型。

(1)藕莲

藕莲为以收获肥大的根状茎为目的的一种莲藕类型。藕莲根状茎一般粗 3.5 厘米以上。除少数品种外，大部分藕莲品种少花或不开花。最初莲藕仅适宜深水栽培，目前各地根据栽培条件及市场需求选育出适应不同水位的莲藕品种。依适应水位不同大致可分为浅水藕与深水藕。

浅水藕适于浅塘或稻田栽培，水位多在 10～40 厘米以下，多属早熟、中熟品种。

深水藕能适应池塘或湖荡栽培，水位宜 40～100 厘米，夏季水深达 1.3～1.65 米也可栽培。本类品种多为中熟、晚熟品种。这类藕入土较深，宜水位较深、土层较厚的湖荡种植。

(2)子莲

子莲为以收获食用莲子为主的一种莲藕类型。花常单瓣，有红花和白花两种，莲子大，结实多，藕细小而硬，肉稍带灰色，品质差。子莲也有浅水莲与深水莲之分。

(3)花莲

花莲为供观赏及药用为主的一种莲藕类型。莲花极美，甚少结实，藕细质劣。

17. 目前生产上莲藕有哪些主要栽培品种?

(1)浅水藕莲品种

①鄂莲 1 号。该品种系武汉市蔬菜科学研究所引进的上海市郊区农家莲藕品种,经顶芽繁殖后,单株选育而成。该品种为中熟品种,入土深 15～20 厘米,较适合浅水栽植;叶柄长 1.3 米,叶椭圆形,叶面直径 60 厘米;开花少,花白色;主藕 6～7 节,长 1.3 米,横径 6.5 厘米,单支重 5 千克左右,皮黄白色,肉质脆嫩,宜炒食,品质较好;7 月中旬可收嫩藕,每亩产量 1 000 千克左右,9～10 月份收老熟藕,每亩产量 2 000～2 500 千克。

②鄂莲 2 号。该品种系武汉市蔬菜科学研究所从浙江省绍兴市田藕的自然杂交后代中经无性系选育而成。该品种中晚熟,入土深 30 厘米,适合浅水栽植,但也能耐 50～70 厘米的深水;叶柄长 1.8 米,叶近圆形,叶平展,叶面多皱褶;花少,花白色;藕身圆筒形,皮米白色,顶芽黄白色;主藕 5 节,长 1.2 米,横径 7 厘米,单支重 4～5 千克,肉质细,含淀粉多,品质好;当地于 4 月下旬种植,9～11 月份收获,每亩产量 2 000～2 500 千克。

③鄂莲 3 号。该品种系武汉市蔬菜科学研究所选用湖南泡子为母本,竹节藕为父本,经过人工有性杂交,再从杂交一代中经单株选样,并经有性繁殖而育成。该品种早中熟,适于浅水栽植;叶柄长 1.4 米左右,叶面直径 65 厘米;花白色;藕身呈圆筒形;主藕 5～6 节,长 1.2 米左右,横径 7 厘米左右;子藕肥大,入泥深 20 厘米左右;藕单支重 2 千克以上,皮黄白

色,叶芽玉黄色,内质较脆嫩,宜炒食,品质优。7 月中旬可收嫩藕,9 月份后收老熟藕,每亩产量 2 200 千克左右。

④鄂莲 4 号。该品种由武汉市蔬菜科学研究所选育而成。该品种早中熟,入土深 25 厘米,适合浅水栽培,但也能耐 50～70 厘米的深水;叶柄长 1.4 米左右,叶椭圆形,叶径 75 厘米;花白色略带红尖;藕身圆筒形,主藕 5～7 节,长达 1.2～1.5 米,单支重 5～6 千克;藕横断面椭圆形,横径 7～8 厘米,梢节粗大;藕皮呈白色,顶芽黄白色,内质脆嫩,淀粉含量中等,含蛋白质高达 2%以上,含粗纤维较少,味稍甜,生食、熟食和加工均可;在武汉地区于 4 月中下旬种植,7 月中下旬采收嫩藕(每亩产量 800～1 000 千克),10 月份可开始采收老熟藕,如留田不采,一直可延至翌年 4 月份采收(每亩产量达 3 000～3 500 千克)。

⑤鄂莲 5 号。该品种由武汉市蔬菜科学研究所选育而成。该品种株高 1.6～1.8 米;叶径 75～80 厘米;花白色;主藕 5～6 节,长 1.2 米,直径 7～9 厘米;藕肉厚实,通气孔小,皮白色;入土深 30 厘米;早中熟,抗逆性强;7 月下旬收获,每亩可收嫩藕 500～800 千克;8 月下旬收获,每亩可产老熟藕 2 500 千克。

⑥藕莲 9217。该品种由武汉市蔬菜科学研究所选育而成。该品种植株高 1.7 米,叶径 75 厘米,花白色,耐深水,中晚熟;主藕入泥 30～35 厘米,5～6 节,长 1.2 米,直径 7.5 厘米;藕肥大,皮白肉脆,商品性好;9 月上旬成熟,一般每亩产量 2 300 千克左右。

⑦藕莲新 1 号。该品种由鄂莲 1 号后代系选育而成。该品种中早熟;株高 1.75 米;叶径 75 厘米;花白色;主藕 5 节,

长 1.2 米，粗 7.5 厘米，皮白色；8 月中下旬后收获，每亩产量 2 500 千克。

⑧苏州花藕。该品种原产江苏省苏州市，极早熟；立叶扁圆盘形，浅绿色，叶薄；花少或无花；藕粗短圆，皮色黄白，品质佳，味道甜美，宜生食。该品种适于浅水栽植，耐肥，宜密植；生长期 90～95 天；4 月中下旬栽植，7 月底开始采收；全藕重 2.5～3 千克，每亩产量 800～1 200 千克。

⑨苏州慢荷。该品种原产于江苏省苏州市，早熟品种；立叶圆盘形，较厚；花大，白色；藕身长达 80～100 厘米，节间长 20～30 厘米，皮黄白色；品质良好，含水量少，生熟食皆可，更宜熟食；适于浅水栽植，谷雨至立夏栽植，立秋后收获；藕单支重 2～3 千克，每亩产量 1 000～1 500 千克。

(2)深水藕莲品种

①湖南泡子。该品种原产湖南省；中熟；当地于 4 月份种植，9～10 月份采收；每亩产量 2 000 千克左右；花白色，较少；藕身长圆筒形，主藕 5～7 节，皮白色，叶芽玉黄色；肉质细嫩，味稍甜，宜生食和炒食，但含淀粉量较少，品质中等。

②州藕。该品种原产武汉市郊区；晚熟；当地于 4 月下旬种植，10 月中下旬采收，每亩产量 2 000 千克左右；开花少，花白色；藕身扁长圆筒形，皮和叶芽玉黄色，肉黄白色；肉质细嫩，含淀粉量较多，品质较好，宜熟食和加工制粉；结藕入土较深，采收比较费工。

③白荡海藕：该品种为浙江省杭州市地方品种，为深水藕；花白色，花瓣边缘红色；藕白色，顶芽红色；主藕一般 3 节，节间长 30～40 厘米，粗 10 厘米，单支重 5 千克；藕肉洁白，肉厚，质脆，水分多，富甜味，宜生食。

④江苏美仁红。该品种中熟；耐深水；藕身较长，长达1米以上，粗4～5厘米，一般3～4节，单支重1.5～2千克；藕皮白色，肉米白色；幼叶的叶柄呈鲜紫红色；结藕入土较浅。

⑤江苏小暗红。该品种晚熟；耐深水；抗风性较强；藕身较短，藕长60～70厘米，粗4～5厘米，一般3～4节；藕皮黄白色，肉米白色；单支重1千克左右；叶芽暗紫红色，不鲜艳，上部具有排列整齐的斑点；藕含淀粉高，生食较差，宜熟食。

⑥广州丝苗藕。该品种晚熟；入土较深；母藕长130厘米，5～6节，节细长，孔道较细，节间长20厘米；子藕3～4节，分向两边着生；叶芽较长；单支重2～2.5千克；含淀粉多，适于制干藕和藕粉；花小，白色，花瓣边缘带红色；品质优良，产量高，适于深水层的田地种植。

⑦雪湖贡藕。该品种为安徽省潜山县深水藕，质地特优；藕身洁白，粗大肥壮，主藕5～6节，单支重3.5～5千克，最长藕段可达50厘米；生长期200天。

(3)浅水子莲品种

①白花湘莲。该品种原产湖南省湘潭县；中晚熟；每亩产壳莲100千克左右；莲蓬倒圆锥形，蓬面隆起，有莲孔17～22个；莲子卵圆形，灰褐色，长1.6厘米，宽1.2厘米，千粒重1 370克；莲子仁饱满、洁白，品质好；花白而微红，较大；当地于4下旬种植，8～10月份分次采收。

②白花建莲。该品种原产福建省建宁县；中晚熟；每亩产壳莲100千克左右，或去皮壳、去莲心的通心干白莲4～4.7千克；莲蓬倒圆锥形，有莲孔16～22个；莲子卵圆形，灰褐色，长1.5厘米、宽1.3厘米左右，千粒重1 370克左右；莲子仁洁白、圆形，易煮烂，品质好；花大，粉红色；当地于4月中

旬种植，7～10 月份分次采收。

③赣莲 85-4。系江西省广昌县白莲研究所对从浙江省丽水市引进的农家品种进行单藕分栽，无性系选育而成。中熟。每亩产壳 100 千克左右，或去皮壳、去莲心的通心干白莲莲 60～80 千克。莲蓬倒圆锥形，蓬面平，有莲孔 25～30 个。莲子卵圆形，灰褐色，品质好。花较大，红色。当地于 4 月下旬种植，8～9 月份分次采收。

④赣莲 85-5。该品种系江西省广昌县白莲研究所从湖北省引进的多个杂交组合后代中经单株无性系选育而成；早中熟；每亩产壳莲 90～100 千克，去皮壳、去莲心的通芯白莲 60～75 千克；立秋前后可采收到总产的 85%，若提早结束采收，还可接茬一季晚稻；莲蓬碗形，有莲孔 30～50 个；莲子卵圆形，较大，灰褐色，品质好；花大，红色；当地 4 月下旬种植，7～9 月份分次采收。

⑤赣莲 62。该品种经杂交选育而成；花单瓣，淡红色；早熟，全生育期 160 天左右；采摘期 75 天，每亩产量 60～80 千克以上；宜田栽。

⑥红花建莲。该品种原产福建省建宁县；中晚熟；每亩产壳莲 100～120 千克；莲蓬近扁碗形，蓬面平，有莲孔 21～38 个；莲子卵圆形，灰褐色，长 1.5 厘米、宽 1.3 厘米，千粒重 1 370 克，品质较好，但稍次于白花建莲；较耐深水；当地于 4 月中旬种植，8～10 月份分次采收。

⑦太空莲 3 号。该品种由赣莲 85-5 种子经航天搭载诱变选育而成，1999 年通过江西省科技厅成果鉴定；叶上花，花单瓣，粉红色；全生育期 190 天左右，采摘期 115 天，每亩产量 95 千克；宜田栽，品质优。

⑧太空莲 36 号。该品种由赣莲 85-4 种子经航天搭载诱变选育而成；叶上花，花单瓣，枣红；全生育期 210 天，采摘期 120 天，每亩产量 90～100 千克；宜田栽，品质优。

(4)深水子莲品种

①寸三莲。该品种原产湖南省安乡县；中熟；每亩产壳莲 50 千克左右；莲蓬倒圆锥形，较大，有莲孔 25～30 个；莲子长椭圆形，灰褐色，千粒重 1 035 克左右，品质较好；花较大，红色；当地于 4 月下旬种植，7～10 月份分次采收。

②建选 17 号。该品种由江西省广昌县白莲研究所用寸三莲 65 与太空莲 2 号杂交经系统选育而成；植株茎秆粗壮，株高 75～145 厘米；叶直径 45～75 厘米，叶深绿色，成熟叶背淡绿色；花蕾长卵形，花色白枣红，叶上花，花横径 25～29 厘米，单瓣，长椭圆形，18～22 枚；花托漏斗形，心皮 16～43 枚，平均约 25 枚；莲蓬扁圆形，蓬面平，直径 11～16 厘米；结实率 72％～85％；莲子卵圆形，粒大圆润，洁白，品质优，通心白莲百粒干重约 103 克；在当地种植，全生育期 205 天，有效花期 105 天，采摘期约 112 天。

(5)花莲品种

①玄武湖红莲。该品种叶绿色，表面略粗；花单瓣，红色，碟状，花瓣 17 枚左右，花径 17～20 厘米；雌蕊发育正常，能结实；花托喇叭形；莲蓬倒圆锥形；大花子莲花莲结合形品种，适于湖塘栽植及缸栽。

②宣莲。该品种叶绿色，表面略粗；花单瓣，红色，碗状；花瓣 20 枚左右，花径 14～18 厘米；雌蕊发育正常，能结实；花托喇叭形；莲蓬碗形，表皮有红色条斑；大花形子莲花莲兼用，适于湖塘栽植及缸栽。

③西湖红莲。该品种叶绿色，表面粗糙；花单瓣，红色，碗状；花瓣16枚左右，花径16～21厘米；雌蕊发育正常，能结实；花托杯形；莲蓬碗形；大花子莲花莲结合形品种，适于湖塘栽植及缸栽。

④处州莲。该品种叶绿色，表面光滑；花单瓣，紫红色，碗状；花瓣19枚左右，花径16～18厘米；雌蕊发育正常，结实率高；花托漏斗形；莲蓬倒圆锥形，外表皮呈红色条斑状；大花形子莲品种，适于湖塘栽植及缸栽。

⑤春辉。该品种叶绿色，表面略粗；花半重瓣，红色，碟状；雄蕊附属物微红；雌蕊不易结实；花托杯形；心皮多呈泡状或绿珠状瓣化；莲蓬扁圆形；中花型花莲品种，花期早，开花繁密，适于缸、盆栽植。

⑥太空娇容。该品种由杂交选育而成；株高100厘米；花半重瓣，淡堇紫色；花期100天；着花密度5 500朵/亩，缸株(40厘米口径)每缸开花14朵。

(6)子莲花莲兼用品种

①星空牡丹。该品种由杂交选育而成；花半重瓣，粉红色；全生育期190天；花期102天；每亩产量70千克；宜田栽或湖栽。

②舒广袖。该品种2000年从航天育种SP2代种子中选获；花单瓣，枣红色；全生育期185天；采摘期100天；每亩产量70千克左右；宜田栽或湖栽。

③神舟行。该产品经航天二次搭载选育的兼用型品种；花半重瓣，红色；全生育期185天；采摘期100天；每亩产量60千克左右；宜田栽或湖栽。

④雪里行军。该品种由航天搭载诱变选育的兼用型品

种；花重瓣，枣红色；叶上花；全生育期 190 天；群体花期 115 天；莲子粒大饱满；每亩产量 60 千克左右；宜缸植、田栽或浅湖栽。

18. 莲藕栽培上主要有哪些茬口安排模式？

莲藕在我国长江流域等地栽培历史悠久。人们在长期的栽培实践中探索出了许多茬口安排和间套种方式，特别是 20 世纪 90 年代开始，随着技术的进步和效益农业的兴起，各地更是形成了各具特色的茬口安排、种养结合模式。本处选择部分模式介绍。

(1) 接茬模式

接茬模式是在前茬作物田内产品采收完成后再进行下茬作物种植安排的种植模式。前后两茬作物茬口配置紧密，前茬作物采收期可作为下茬作物播种或定植期。

①莲藕—晚稻—旱生蔬菜模式。该模式中，莲藕采用塑料大（中）棚覆盖进行早熟栽培。品种选用鄂莲 1 号、莲藕新 1 号等早熟品种。用主藕作种，可早发；用种量每亩 250～300 千克，行距 1.5～2.0 米，穴距 0.8～1.2 米；江、浙地区 3 月上旬定植，6 月下旬至 7 月底采收上市，每亩产量 750 千克；7 月底至 8 月初栽插晚稻，10 月中下旬收割，每亩产量 450 千克。

浙江地区，晚稻一般在 7 月底至 8 月初定植，10 月底收割；晚稻收割后，再种一季旱生蔬菜。旱生蔬菜直播或育苗移栽，采收完毕的时期宜在翌年 3 月上旬，以不影响第二年的莲藕定植为宜。适宜的旱生蔬菜如春萝卜、小白菜、红菜薹、晚熟花菜、春莴苣、芹菜、菠菜 、雪里蕻等。春萝卜可在 11 月份至翌年 1 月上旬播种，翌年 1～4 月份采收，每亩产量 2 000 千克。小白菜可于 10 月下旬至翌年 1 月份直播或定植，11 月份至翌年 4 月份采收，每亩产量 1 500 千克。红菜薹于 10 月下旬定植，翌年 2 月下旬开始采收，每亩产量 1 200 千克。花菜可于 10 月下旬至 11 月份定植，翌年 3 月中旬至 4 月上旬采收，每亩产量 1 500 千克。春莴苣于 11 月份定植，3 月下旬至 4 月上中旬采收，每亩产量 2 500 千克。芹菜于 10 月下旬至 11 月上旬定植，翌年 4 月上中旬前采收，每亩产量 2 000 千克。菠菜于 10 月下旬至 11 月份直播，12 月份至翌年 3 月份采收，每亩产量 2 000 千克。雪里蕻于 10 月下旬至 11 月份定植，翌年 3 月份采收，每亩产量 2 000 千克。

②莲藕—水生蔬菜模式。该模式中，6～7 月份青荷藕采收后，接茬种植水生蔬菜。要求在莲藕采收后，选择适宜的水生蔬菜种类接茬，或根据后茬水生蔬菜适宜的大田定植期，确定莲藕采挖期。接茬种类可以为第二季莲藕、荸荠、慈姑、水芹、豆瓣菜及水蕹菜等。

江、浙地区，第二茬莲藕定植期不宜迟于 7 月下旬，通常是在第一茬莲藕采挖时，“采大留小”，即将大藕出售，小藕重新定植作为第二季莲藕栽培。第二季莲藕于 10 月下旬开始采收，每亩产量通常有 1 000 千克。

慈姑一般在 4 月中旬至 5 月上旬催芽、育苗。早水慈姑在 6 月中旬至 7 月中旬定植，晚水慈姑在 7 月下旬至 8 月上旬定植；成熟后可持续采收至翌年 3 月份，每亩产量 750～1 000 千克。

荸荠一般于 4 月上旬开始催芽、育苗。早水荸荠在 6 月下旬前定植，伏水荸荠在 7 月份定植，晚水荸荠在 7 月下旬至

8月初定植;11月上旬开始采收,每亩产量1 500～2 000千克。

水蕹菜从早熟莲藕始采期开始,至8月初,均可定植或扦插,采收期持续至初霜期,每亩产量1 000～2 500千克。

水芹秧苗培养一般可以从8月上中旬开始,8月下旬至9月中旬大田定植,11月下旬至翌年4月上旬采收,每亩产量2 500千克。

豆瓣菜可在8～9月份进行秧苗准备,10月初定植大田,11月上中旬至翌年4月份从采收,每亩产量2 500千克以上。

③莲藕—旱生蔬菜模式。在该模式中,可选择的旱生蔬菜种类很多。一般来说,旱生蔬菜种类确定的依据主要有4个方面:一是莲藕产品的采挖时期;二是翻地整地时间长短;三是旱生蔬菜适宜的播种或定植期与采收期,其采收期宜在4月上旬前结束;四是市场需求。根菜类、白菜类、甘蓝类、芥菜类、茄果类、绿叶菜类等蔬菜中,都有适宜的品种类型,可以作为莲藕的后茬。由于莲藕采收期可以有较大变化因而其后茬旱生蔬菜的种类和茬次亦可有较大变化。在长江中下游地区,莲藕采收期早者,其后可种植1～3茬。

(2)套种模式

套种模式是在莲藕成熟后,暂时不采挖,仅先清除荷秆,然后直接在莲藕田内套种蔬菜。在这类模式中,一般要求后茬蔬菜生长期较短,不影响地下莲藕产品的按时采收。比较成功的例子有红菜薹、小白菜、菠菜等旱生蔬菜及水生蔬菜中的豆瓣菜。江、浙地区,红菜薹10月中下旬定植,11月份至翌年2月份采收;菠菜于10～11月份直播,12月份至翌年3月份采收;豆瓣菜于10月份定植,11月份至翌年4月份采收。种植旱生蔬菜前,应放干田水,使土壤干燥。此外,后茬作物还可采用紫云英等绿肥作物,待莲藕采挖时将其翻压入泥。莲藕留种栽培时,从莲藕成熟、茎叶开始枯萎到次年种藕采挖(一般在3月中下旬至4月上中旬)之间的间隔时间长达5～6个月,可利用时间长,因而该模式对于莲藕留种田块尤为适合。在北方缺水地区,采用该模式,还可以防止田间莲藕冬季冻害。

(3)莲藕种养结合模式

莲藕种养结合模式是在种植莲藕田内放养水产生物的一种将种植与养殖结合起来的模式。

藕田养鱼,实行种养结合,为一类成功的种养结合模式。适宜的鱼类如黄鳝、泥鳅、鲫鱼、鲤鱼、鲶鱼、黑鱼等。藕田养鱼时,宜在藕田周围开挖宽80厘米、深60厘米的溜鱼沟或占地面积为田块面积2％～3％的鱼溜(深60～80厘米),田块中间按“井”字形 或“非”字形开挖宽35厘米、深30厘米的鱼沟。一般溜鱼沟或鱼沟占田块面积的比例以5％～10％为宜。每亩藕田内养鱼数量应视鱼的种类和鱼苗大小而定。例如,10厘米左右规格的鲤鱼可放养150尾,25克左右的鲶鱼可放养700尾左右。养鱼时应适当投料。藕田养鱼,可有效改善田间生态环境,有利于减轻病虫害危害,综合效益明显。

19. 目前莲藕有哪些栽培方式?

如前所述,莲藕有深水藕和浅水藕之分,加上近30年来莲藕栽培技术的提升以及各地的气候特点,现阶段形成了多种莲藕栽培方式。

(1)露地栽培

露地栽培是目前莲藕最常见最主要的栽培方式。这是在无任何遮盖物的水田内种植莲藕的一种种植方式,完全根据当地气候(特别是温度)变化规律以及莲藕生长发育对温度条件的要求选择莲藕的栽培季节。在长江流域,一般在3月中下旬至4月上中旬、气温稳定在12℃时定植,7～8月份采收青荷藕,9～10月份开始收老熟藕,也可留在藕田内陆续采收至翌年4月底。翌年采收大藕留小藕。

(2)简易覆盖栽培

简易覆盖栽培是指在地膜、中小拱棚等简易覆盖设施条件下进行莲藕栽培的方式。其目的是利用简易覆盖保温保墒特点使莲藕实现早栽植、早结藕、早采收、早上市,以获得相对较高的社会经济效益。地膜覆盖栽培的最大效应是提高土壤温度。早春田块整地施基肥之后以地膜覆盖,之后按株行距定植莲藕,白天接受阳光照射后,土壤层内可提高温度1～6℃。简易覆盖栽培可较露地提早7～10天定植,而采收期则可提早10天以上。

(3)大棚早熟栽培

大棚早熟栽培是利用塑料大棚覆盖的保温增温性能,配合选择早熟品种以及提高栽培密度等措施,实现莲藕早春提前栽培、提前采收。在长江中下游地区,一般在2月中下旬定植,5月底开始采收上市,其采收期较露地栽培可提早20～40天。在莲藕采收后,可以接茬种植水稻以及水生蔬菜、旱生蔬菜等蔬菜种类。

(4)旱地栽培

莲藕旱地栽培是指在水资源不丰富的旱地进行莲藕栽

培,又称池藕栽培或节水莲藕栽培。该栽培方式需要创造一种适合莲藕生长的水环境。因此,需在旱地建池蓄水,然后将土壤回填池中,在池内种植莲藕。池藕栽培打破了莲藕种植的地域限制,使得水资源不丰富的北方地区也可种植莲藕,并可节省水资源。

20. 莲藕各地的栽培季节有何差异?

莲藕生长发育对环境条件特别是温度条件有较高的要求。由于各地温度各异,加上不同莲藕品种对温度条件要求也存在一定差异,而栽培设施在一定程度上会改变藕田的小气候环境,所以,莲藕的栽培季节具有一定的可变性。

在长江流域地区,莲藕露地栽培时,一般 3 月中下旬至 4 月上中旬、气温稳定在 12℃时定植,7～8 月份采收青荷藕,9～10 月份开始收老熟藕。简易覆盖栽培可较露地提早 7～10 天定植与采收。塑料大(中)棚覆盖早熟栽培时,则于 2 月下旬到 3 月初定植,6～7 月份收青荷藕,特早熟品种 5 月底就可采收青荷藕,8～9 月份开始收老熟藕。莲藕旱地栽培多在水资源不丰富的北方较温暖地区进行,因此,栽培季节较南方晚,一般在 5 月份栽植,10 月底采收完毕。不论露地栽培,还是设施栽培,当以采收青荷藕为目的时,南方大多可在 7 月底到 8 月份采收结束,北方在 9 月份采收结束;若以采收老熟藕为目的,可持续采收至翌年 4 月底。当然,莲藕具体栽培时间与还与当地物候期、栽培方式、栽培品种有较大关系,但总体来说,只要合理安排好莲藕采收期,采用一些现代设施与栽培技术手段,莲藕栽培时间与藕田茬口配置的调整空间还是比较大的。

21. 如何降低莲藕用种量？不同播种(繁殖)材料对莲藕生长及产量是否会产生影响？

莲藕是我国栽培面积最大的一种水生蔬菜，生产上主要是通过无性繁殖。莲藕传统栽培用整藕作种，每亩用种量为300千克左右；用种量较大，成本较高。实践结果表明：主藕、整藕、子藕、藕头、顶芽均可用于莲藕繁殖用种，但子藕与顶芽作种可大大降低用种量。

(1)莲藕不同繁殖器官的播种材料

整藕繁殖即将主藕连同子藕及孙藕整支种在同一穴中，用种量最大，用种成本最高。主藕繁殖是将整藕上的子藕及孙藕等除去后将剩余的主支作为播种材料。藕头繁殖是将主藕或子藕顶端藕节切下栽种即为藕头繁殖。子藕繁殖即将任何一支着生在主藕上的子藕单独做种即为子藕繁殖。顶芽繁殖是在顶芽开始萌动时切下顶芽连同部分茎节经多菌灵液浸泡处理后在秧田中扦插的繁殖方法。

整藕及主藕繁殖方法是较为传统的方法，其优点是生育期较短、可提早成熟、产量较稳定、变异小，但不足之处是用种量大、成本高。子藕与藕头繁殖成本低，生育期比用整藕、主藕相差不大。顶芽繁殖成本最低，每亩用种仅5千克，而且带病菌较少，是一种新颖的繁殖方法，但芽茎发生新根也较其他方法缓慢，生产上需育苗，故生育期较播种材料推迟。因此，种植莲藕时应结合自身条件和生产目的，选择相应方法繁殖莲藕，以获得最大经济效益。

(2)子藕作种

子藕作种省工、省力、省种，亩用种75千克，而且生育期比主藕及整藕相差不大，生产上具有较大范围的应用。近年来，广东、云南、安徽、江西、湖南、湖北、河南、山东等省的栽培实践也证明子藕作种非常切实可行。如果用子藕作种，则子藕必须粗壮，至少有2节以上充分成熟的藕身，顶芽完整，否则种藕发芽力弱，影响侧鞭数及产量。

(3)顶芽作种

顶芽繁殖是一种新颖的繁殖方法，用种量低，成本小(用种量仅5千克)，而且带病菌少。但用顶芽繁殖，直播出苗慢，需进行育苗移栽，不适于大棚早熟栽培。

顶芽作种育苗方法如下：

①苗床准备。选择一块土层深厚、肥沃的田块作为育苗床。早春播种前进行深耕整地；每亩施腐熟粪肥1 500千克、磷肥25千克、钾肥1.5千克；做成1.5米宽阳畦。

②播种。当气温回升到10℃时，可将藕体上的顶芽带节切下，一般1支藕可切数个带节的顶芽，边切边在切口处沾上新鲜的草木灰(或50%多菌灵800倍液)，将种芽放平埋进阳畦的土中，浇足水，其上面覆盖一层腐烂、潮湿的秸秆，然后覆盖薄膜，保持膜内湿润。

③移栽。待顶芽的茎节长出不定根、顶端长出2～3片小叶、外界气温稳定在15℃时，移栽定植大田。定植时，将不定根及藕鞭埋入泥中，小叶露出水面。栽后浅水管理。

(4)不同播种(繁殖)材料对莲藕生长及产量产生影响

生产上，莲藕均采用无性繁殖。习惯上，莲藕的播种材料是整藕、主藕及子藕，但藕头以及顶芽均可作为播种材料。

从表1可以看出,采用不同的播种材料,莲藕产量、单支均重等指标基本没有显著的差异,但繁殖方法采用主藕、整藕、子藕、藕头、顶芽,其用种量、成本依次降低。

表1 莲藕不同繁殖方法的结果比较

(参考李双梅2003年的结果)

繁殖方法	定植期/(日/月)	枯荷期/(月份)	产量/(千克/亩)	单支均重/千克	单支>1千克的比例/%	成本	
						用种量/(千克/亩)	金额/(元/亩)
整藕	21/3	10月中旬	3 267	1.75	74	250	500
主藕	21/3	10月中旬	3 229	1.85	80	200	400
子藕	21/3	10月中旬	3 307	1.98	80	75	150
藕头	21/3	10月中旬	3 868	1.87	68	50	100
顶芽	21/3育苗 18/5定植	11月中旬	3 185	1.75	80	5	50

22. 莲藕良种的标准是什么?怎样选择藕种?

(1)莲藕良种的标准

莲藕良种首先应符合品种的典型性,在此基础上,一般要求:藕长圆筒形,藕身粗壮圆润、表皮光滑,藕节均匀,无损伤,无腐烂,无病虫,优质,高产,抗病虫,适应性强,商品性好。

(2)种藕的选择

种藕选择的第一步是莲藕品种的确定。选择适宜本地种植及商品性好的莲藕品种。对于新引进的品种,应进行小面积试种,在确定新品种适合本地栽培、产品符合消费习惯后才能大面积推广。

在品种确定后，种藕需要进行株选。莲藕的株选一般进行3次。第一次在莲藕旺盛生长期，选择符合本品种特征特性、生长整齐、成熟一致、适应性强的藕田作为留种田。第二次在莲藕采收时，选择藕长圆筒形、藕身粗壮圆润、藕节均匀、表皮光滑、优质、高产的单株作为留种株，并做好标记。第三次在翌年栽种采挖时进行，选择无病虫、无损伤、无腐烂的藕节作为种藕。

23. 莲藕的常规栽培需要掌握哪些主要技术？

莲藕常规栽培是指采用露地栽培方式。这是莲藕产区常用的一种栽培类型。

(1)品种选择与种藕消毒

选用优质、高产、抗病虫、适应性强、商品性好的早、中熟品种，如鄂莲4号、鄂莲5号、鄂莲6号和雪莲等。挑选符合品种特征特性且大小均匀、藕身粗壮、光滑、无病虫、无损伤、无腐烂的藕节为种藕。种藕消毒，用70%甲基托布津可湿性粉剂或50%多菌灵可湿性粉剂800倍液浸种15～30分钟后捞起，用农膜严密覆盖闷2小时即可。

(2)选地整地

选择土层疏松深厚、土质肥沃、保水保肥性强的水田种植。定植前7～15天每亩施腐熟农家肥2 000～3 000千克作基肥，深耕20～30厘米，整地耙平，灌水深25～30厘米。第一年种植、连作田或易发病的莲藕的田块要进行土壤消毒，每亩施生石灰粉75～100千克，放一层浅水，并保留3天；也可选用绿亨一号、多菌灵等药剂进行土壤消毒。种植前1～2天再耙平，使田块成为泥泞状态，并蓄水 5 厘米深。

(3)定植

长江中下流地区，3 月中下旬至 4 月上旬露地气温稳定在 15℃时定植。株行距为 1 米×1.6 米。采用“品”字形摆种，藕头轻轻埋入土中约 10 厘米深，藕梢朝上，顶芽露出水面并与水面形成 15°～30°角，以利通气增温。田块四周边行定植时，藕头全部朝向田块内，田内定植行分别从两边相对排放。

(4)肥水管理

莲藕植株庞大，需肥量大，施肥以基肥为主，基肥约占全期施肥量的 70%，追肥约占全期施肥量的 30%。定植前 7～15 天每亩施腐熟农家肥 2 000～3 000 千克作基肥。

莲藕整个生育期除施基肥外，一般需追肥 3 次。第一次在定植后 15 天左右立叶出现时进行，每亩施腐熟粪肥 800～1 000 千克加三元复合肥 15 千克；第二次追肥于莲藕长出5～6 片立叶时进行，每亩施腐熟粪肥 4 000～5 000 千克加三元复合肥 20 千克；第三次追肥在后栋叶出现(结藕)时，称为“催藕肥”，每亩施三元复合肥 50 千克。每次施肥前应放浅水，以便肥料吸入泥土中，施肥后 1～2 天还水；追肥后泼浇清水冲洗荷叶，以防肥料沾在荷叶上灼伤叶片。

水分管理遵循“浅—深—浅”的灌溉原则。定植期至萌发阶段保持 8～10 厘米浅水层，有利于前期提高土温，促进生根发芽；随着气温的升高及莲藕生长加快，水位应逐步加深，从抽生叶至开始封行阶段水深为 15～20 厘米；封行至结藕期随植株长高水深逐步增加到 25～35 厘米，以利于莲藕茎叶生长；从抽出后栋叶至叶片中部分枯黄的生长后期，水层要逐渐下降，结藕期时将水层降至 10 厘米左右，以促进早结藕和藕身粗壮。如遇台风袭击，要加深水层，以防倒伏；台风、大雨后及时排水；生长末期保持田间湿润。

(5)中耕除草

定植后10～15天至封行前进行中耕。中耕在卷叶的两侧进行，以免损伤地下莲鞭；每7～10天进行1次，使藕田泥土稀烂、疏松，利于莲藕前期生长。中耕除草从第一次追肥开始至封行前，共进行2～3次，并将杂草埋入泥中作肥。前期浮叶具有光合作用合成养分的功能，不宜过早摘除，待有5～6片立叶后可摘除浮叶。

(6)藕头调整

在莲藕茎叶旺盛生长期，莲藕会迅速伸长，为使藕鞭均匀分布田间，避免钻入田埂，要及时掉转藕梢方向。当卷叶离田边1米时，应及时将藕梢向田内拨转，每3～4天转1次；生长缓慢时，每7～8天转1次，共转5～6次。宜在晴天下午茎叶柔软时进行，可防止折断藕或莲鞭。

(7)莲藕病虫害防治

莲藕病害主要有腐败病、褐斑病；虫害主要有莲缢管蚜、斜纹夜蛾、稻食根叶甲、莲潜叶摇蚊等。具体防治措施可参考本书有关内容。

(8)采收

当莲藕终止叶出现后，基部立叶的边缘开始枯黄时，终止叶的叶背呈微红色，藕就充分成熟，此时即可挖藕上市。晚熟品种在白露至霜降这段时间可收获。早熟品种在大暑至立秋这段时间即可采收。莲藕的采收期较长。为延长供应期，也可留在田中过冬，至翌年春发芽前采收。采藕时要尽量保持藕支完整，不伤表皮，先将藕身周围的泥掏空，露出藕身，再将藕的后把节从藕鞭上 6 厘米左右处折断，然后将整藕取出。

24. 藕田套种水稻应掌握哪些主要技术要点？

长江中下游地区，早莲藕一般 3 月中下旬至 4 月上旬露地气温稳定在 15℃时定植，7 月中旬左右开始采收青荷藕，9～10 月份开始收老熟藕。塑料大(中)棚覆盖早熟栽培时，可于 2 月下旬定植，6～7 月份收青荷藕，8～9 月份开始收老熟藕。晚稻一般 6 月下旬播种，7 月下旬至 8 月初移栽，10 月底收割完毕。发展藕田套种水稻栽培模式，在莲藕进入初熟期套插水稻，当莲藕采收基本结束后，水稻禾苗正好进入生长旺期，此时摘掉藕叶，让水稻得到充足的光照，保证水稻获得高产。据调查统计，这种栽培模式在长江三角洲地区应用的面积较大。其投资小、效益稳定，较双季稻每亩增收 200%左右，较单季莲藕每亩增收 15%左右。

在藕田套种水稻的栽培模式中，莲藕的栽培技术参考本书“23. 莲藕的常规栽培需要掌握哪些主要技术”，水稻栽培技术简介如下：

①品种选择。宜选择较耐肥且抗稻瘟病的早、中熟超级稻品种或其他耐肥型的杂交稻组合，如中浙优 1 号、准两优 1202 等，确保水稻高产稳产。需要指出的是，根据《中华人民共和国种子法》，水稻是主要农作物，所以，在购买水稻种子时，需要确认该品种是当地审定推广的品种。

②培育壮秧。长江中下游地区晚稻 6 月中下旬育秧，种植超级稻用种量每亩 0.6～0.8 千克，其他杂交稻用种量每亩 1～1.2 千克。秧龄 15～20 天，叶龄控制在 3.5～4.5 叶时

移栽。

③适时抛栽。抛栽时间为7月下旬至8月初。此时藕叶还没有完全枯黄，莲藕已成熟。在抛秧时，先将莲藕的老叶、病叶、枯黄叶摘除，排水；抛秧后2～3天再灌入浅水，以增加土温，促进禾苗快速生长。莲藕田因肥力较高，抛秧量应比双季稻田稍稀，每亩抛栽1.6万～1.8万蔸，以确保高产增收。

④水肥管理。水稻全生育期不能晒田，田间应保持浅水层，避免土壤干旱造成莲藕变色，使莲藕质量下降。因藕田比较肥沃，套种水稻不需再施肥。为了提高水稻结实率和提早成熟，要求每亩用磷酸二氢钾0.2千克对水45千克分别在孕穗期、灌浆期各喷施1次。

⑤病虫害防治。前期由于藕叶尚未完全干枯，不利于水稻病虫害的发生，所以水稻的病虫防治一般在中、后期进行。主要病害有稻瘟病、纹枯病，虫害有稻飞虱、三化螟、叶蝉等。可选用爱苗、春雷霉素加井冈霉素防治稻瘟病和纹枯病。田间安装频振式杀虫灯诱杀三化螟成虫；选用Bt、杀虫双、毒死蜱、锐劲特等中的两种药剂加吡虫啉防治稻飞虱、三化螟、叶蝉等。

25.如何进行莲藕的大棚早熟栽培？

实施大棚栽培莲藕，主要是利用大棚的保温性能与早熟栽培技术，结合早熟品种的利用，早播早收。长江中下游地区2月中下旬栽植，5月底基本可以上市，较露地栽培可提早上市20～40天，填补了6～7月份无鲜藕上市的空档期。大棚早熟栽培一般亩增产约30%，亩产量可达2 000千克左右，显著提高了经济效益。其主要栽培技术要点如下：

①选地整地搭大棚。选择环境清新无污染、水源充足、土层深厚、有机质丰富、保水保肥性强、排灌相对独立的壤土作藕田。定植前20天搭建大棚，每亩施腐熟农家肥4 000～5 000千克作基肥，并深耕20～30厘米，整地耙平，灌水深25～30厘米。移栽前3～5天，每亩施入钙镁磷肥50千克、硫酸钾10千克、碳酸氢铵30千克、缺锌田块施硫酸锌1.5千克，并耙平田面。

第一年种植或连作田与易发病的莲藕田块要进行土壤消毒，施生石灰粉75～100千克/亩，放一层浅水，并保留3天；也可选用绿亨一号、多菌灵等进行药剂消毒。种植前1～2天再耙平，使田块成为泥泞状态，并蓄水5厘米深。

②品种选择。选用优质、高产、抗病虫、适应性强、商品性好的早熟、中熟品种，如鄂莲4号、鄂莲5号、鄂莲6号、雪莲、鄂莲1号和东河早藕等。挑选符合品种特征特性且大小均匀、藕头饱满、顶芽完整、藕身肥大、色泽鲜亮、光滑、无病虫、无损伤、无腐烂的主藕或二节以上的子藕作种。种藕消毒，用70%甲基托布津可湿性粉剂或50%多菌灵可湿性粉剂800倍液浸种15～30分钟后捞起，用农膜严密覆盖闷2小时即可。

③定植。2月底至3月上旬定植，行距为1.5米，株距为0.65米。田内定植行分别从两边相对排放，采用“品”字形摆种，藕头轻轻埋入土中约10厘米深，藕梢朝上，顶芽露出水面并与水面形成15°～30°角，以利通气增温。田块四周边行定植穴藕头全部朝向田块内。

④温度管理。莲藕定植后的前期工作主要是做好防寒保暖、通风换气工作。从定植到第1片立叶展开，一般不揭膜，应以密封为主。如果棚内温度升高至32℃或遇上3～5天连阴雨时，应通风换气，降低棚内温度；当主鞭上长有1～3片立叶时，莲藕进入旺盛生长期，每天应通风炼苗，并控制棚温在32℃以内；3片立叶后，随着棚外露天温度的升高，棚内温度也表现为白天高而夜间低，因此，白天应打开大棚一头降温以防烧苗，晚上封膜保温。当日均温度稳定高于23℃时可完全揭膜。

⑤采收。5月底开始采收青荷藕，可持续采收到8月份。其他田间管理如露地传统莲藕栽培。

26. 如何利用简易覆盖进行莲藕早熟栽培？

莲藕简易覆盖栽培是指在地膜、中小拱棚等简易设施条件下进行的莲藕栽培方式。其目的是利用简易覆盖保温保墒特点使莲藕实现早栽植、早结藕、早采收、早上市。

(1)简易覆盖的方式

采用简易覆盖进行莲藕早熟栽培的覆盖方式主要是地膜覆盖和小拱棚覆盖。

①地膜覆盖栽培。地膜覆盖栽培的最大效应是提高土壤温度。早春田块整地施基肥之后以地膜覆盖，之后按株行距定植莲藕，白天受阳光照射后，土壤层内可提高温度1～6℃。目前，地膜覆盖栽培较少单独使用，一般在莲藕早熟栽培中结合其他设施一起使用。

②小拱棚栽培。小拱棚棚宽1.1～1.2米，棚高0.5～0.6米，棚长25米左右，用塑料薄膜覆盖。棚南北向，棚间留0.2～0.25米操作道。每棚定植一排，株距0.8米左右。

(2)莲藕简易覆盖栽培技术要点

第一，定植时期的确定。由于简易覆盖设施早春可有效提高地温，定植时期可较大田露地适当提早7～10天。长江流域约3月上旬定植。

第二，定植与肥水管理。简易覆盖莲藕的定植及肥水管理技术与大棚早熟栽培基本相同，参考本书“25.如何进行莲藕的大棚早熟栽培”。

第三，控温技术。田块整地施基肥之后以地膜覆盖，栽植莲藕前按株行距打孔，然后栽植莲藕；藕田上架设小拱棚，并用塑料薄膜覆盖严。苗期以小拱棚密封为主；第一片立叶展开以后，晴天室外气温如超过25℃或棚内温度高于32℃时，应两头通风。当立叶顶膜时，及时揭膜以防烧苗。在完全揭膜前（4月底前后）做好日揭夜盖炼苗工作。揭膜后按照露地栽培方式管理。

第四，适时采收。约6月中旬开始采收青荷藕，可持续采收到9月份。其他田间管理如露地传统莲藕栽培。

27. 如何进行双季莲藕栽培？

在传统的莲藕栽培上，一般一年只能栽培一季。但通过选择早熟品种、配合早春大棚覆盖栽培等技术，可以进行双季莲藕栽培。

双季莲藕栽培即莲藕在一年内实现两次种植、两次采收的一年两茬的藕栽培模式。在长江中下游地区，春藕一般结合大棚早熟栽培，在2月中下旬种植，6月下旬至7月上旬采收完第一茬藕；秋藕一般在7月上旬种植，11月上旬开始陆续采收。该种植模式第一季藕上市早，市场价格好，具有较好的经济效益；第二季藕品质较优，具有藕身洁白圆润、藕节均匀、脆甜爽口的特点，很受市场欢迎。如果第二季莲藕采用抽巷采挖，留一部分种藕在田间，翌年气温回升时及时加强田间管理，莲藕可提早至6月上中旬采挖上市，可获得较高的经济效益。双季莲藕的栽培技术要点如下：

①藕种选择。宜选择早熟、优质、高产、耐早春低温、适应性强的品种，如鄂莲3号、鄂莲5号等。早春播种一般采用主藕或子藕作种，可缩短莲藕生育期；若采用顶芽作种，必须提前育苗。可从无病藕田选择形状整齐、健壮、无损伤的莲藕作种，藕种单重0.15～0.3千克。

②种藕消毒。对种藕进行消毒，有利于防止腐败病、褐斑病，一般用多菌灵加百菌清600倍液侵种10分钟。种藕宜即挖即选即消毒即栽。对藕田的消毒在栽植前2～3天进行，结合整田每亩用生石灰50千克。

③育苗。如顶芽用作种时，需进行育苗移栽。

其一，苗床准备。选择土层深厚肥沃的田块作为育苗床，早春播种前进行深耕整地，施腐熟粪肥1 500千克/亩、磷肥25千克/亩、钾肥1.5千克/亩，做成1.5米宽阳畦。

其二，播种。当气温回升到10℃时，可将藕体上的顶芽带节切下，一般1支藕可切数个带节的顶芽；边切边在切口处沾上新鲜的草木灰(或50%多菌灵800倍液);将种芽放平埋进阳畦的土中,浇足水,其上面覆盖1层腐烂、潮湿的秸秆,然后覆盖薄膜,保持膜内湿润。

其三,移栽。待顶芽的茎节长出不定根、顶端长出2～3片小叶、外界气温稳定在15℃时,移栽定植大田。定植时,将不定根及藕鞭埋入泥中,小叶露出水面。栽后浅水管理。

④合理种植。双季莲藕有两种栽植方式。

方式之一:

长江中下游地区,春藕在2月下旬至3月中旬种植,秋藕在7月上旬种植。先对藕种催芽后种植,可使莲藕早生快长。催芽方法是将种藕置于温室或塑料棚内,上、下垫稻草,温度保持在20～25℃,保持一定湿度,经20天左右,芽长10～15厘米时即可种植。种植时将藕头斜插入泥中,露出藕梢,一般与土表成30°角;可排"品"字形种植,田四周藕梢向里,株行距(0.4～0.5)米×0.5米。每亩春藕栽植2 600株左右,秋藕栽植3 300株左右。

方式之二:

第一季藕6月中旬采挖,取大藕上市,留小藕作第二季种藕并及时移栽田间。第二季藕7月上中旬种植,11～12月份用间隔采收的方法采收莲藕(采收一部分莲藕产品器官,留一部分在田间作为种藕),翌年早春及时加强田间管理,6月中旬可再次采挖,逐年循环。由于第一季藕为上年秋藕原生种苗,故出苗速度比移栽的快,如及时加强水肥管理,5月下旬可膨大结藕。

⑤田间管理。双季莲藕的田间管理重点是肥水管理。

其一，科学施肥。基肥每亩施腐熟农家肥 4 000～5 000 千克、过磷酸钙 50 千克、尿素 15 千克、硫酸钾 7.5 千克，或施三元复合肥 35 千克。当莲藕长出 1～2 片立叶时，每亩施尿素 10～15 千克。春藕栽植后约 50 天即后把叶出时，每亩施尿素、钾肥各 20～25 千克，或施复合肥 50 千克。秋藕在种后 30～40 天，每亩施尿素、硫酸钾各 20 千克，或施三元复合肥 20 千克。此外，在结藕期，喷施块根膨大素和磷酸二氢钾可促进藕身肥大。

其二，合理用水。春藕栽植以"浅—深—浅"为原则。生长前期（从定植到立叶抽出前）气温低，水层保持在 5～10 厘米，利于土壤升温。生长中期（从抽出立叶至抽出后把叶）为莲藕生长旺盛期，水层保持在 25 厘米左右。生长后期（从抽出后把叶至叶片大部分枯黄）为结藕阶段，应放浅水，以 3～5 厘米为宜，促进藕身充实粗壮。

秋藕栽植应掌握"深—深—浅"的用水原则。生长前期气温较高，在立叶尚未伸出水面之前，水层保持在 10 厘米或者灌 5～7 厘米的流动水，以利降温。生长中期为长叶阶段，保持 25 厘米深水。生长后期为结藕阶段，保持水层 3～5 厘米。

其三，病虫害防治。莲藕的虫害主要有蚜虫和斜纹夜蛾，病害主要有腐败病和褐纹病。未发病前用铜大师等喷药防护。一旦发生病害，其防治措施可参考本书相关内容。

⑥采收。春藕一般在 6 月下旬收获。采收前 1 周，将田中荷梗割去，可减少藕表皮的锈斑；同时将藕田水排浅，以利收藕。秋藕的采收期为 10 月中下旬。

28. 旱地是否可以栽培莲藕？如何栽培？

莲藕旱地种植是一项新兴的高效种植技术，投入少，见效快，易于管理。有些地区，这种莲藕旱地种植技术也称作池藕种植技术。该技术使莲藕种植摆脱了对湖泊、河流等水利条件的依赖，实现了水藕旱种，使得莲藕适种区域不断扩大。旱地种植莲藕主要在水资源条件匮乏的北方地区。

(1)选地建池

选择地势平坦、向阳、排灌方便、土层深厚、土质疏松肥沃、富含腐殖质的地块（选择荒滩、河滩、废旧坑塘或荒岭等地块，土壤要从肥沃耕地中获取）。作池地要回避风口。藕池修筑一般采用半地下方式。藕池的形状可根据建池地的地形、地址确定，一般正方形、长方形均可。面积在 200～350 米^{2}之间，单池面积不宜大，过大修筑时操作困难。

修筑前，先将离地 30 厘米的土层清理到一边，然后挖深约 60 厘米的藕池；用混凝土浇铸池底部地基，要求做到平坦牢固；用砖或空心砖砌池墙，高约 80 厘米，其中地面下 50 厘米，地面上 30 厘米；在靠近水源的一端留进水孔；另一端留排水孔；整个池用水泥打光，确保不漏水、不漏肥。

(2)施肥填池

将疏松肥沃、富含有机质的土壤捣碎筛细，与充分腐熟的有机肥混合均匀后，回填到池中整平，土层深度为 30 厘米。一般亩施腐熟有机肥 5 000 千克、碎草 250～300 千克、饼肥 100～150 千克、三元复合肥 150 千克，或尿素 40～50 千克、磷酸二铵70～80千克、磷肥40～50千克、钾肥25～30千克，有条件的可再施微生物肥100～150千克。重茬地每亩还需增施石灰30～50千克。

(3)选藕排藕

旱地节水池藕栽植，应选前期较耐低温、生长势强的品种。藕种要选择块大完整、藕芽健壮、两节以上且节间完整、顶芽完好、无病虫害、具有本品种特征的子藕作种，亩用种250～300千克；或选用带有子藕的整藕作种，有利于早春藕种发芽，亩用种400～500千克。播前种藕要用45%的百菌清或50%的多菌灵600倍液浸泡10分钟，以杀菌消毒。

旱地莲藕栽培技术主要在北方地区应用，因此，一般在5月1日前后开始排藕。排藕密度：早熟品种宜密，晚熟品种宜稀；大种藕宜稀，子藕、藕头作种宜密；肥地宜稀，瘦(薄)地宜密。排藕时藕头一律向池内，交互排列，以利于后期藕鞭均匀分布。方法有水种和旱种两种。水种是指填土后放水，水层达3～5厘米，然后按株行距1.0厘米×(1.2～2.0)厘米排藕，将藕头斜插入泥中，藕稍翘起30°角；为增加产量，藕种要适度紧密排列。旱种是指填土后，先开沟不放水，开沟深10～12厘米，排藕种后再放水。

(4)藕池管理

藕池管理主要包括以下几个方面：

①水位调节。水位管理要遵循浅—深—浅的原则。旱栽完毕后及时灌浅水层保芽防日晒；浮叶出水前控水层4～6厘米，以提高地温促浮叶快出早发。出现挺叶后，水位逐渐上升至在25～30厘米，在藕的整个生长期间要保持水位的恒定。

夏季雨水较多，注意排水。进入结藕初期水层又应浅至5～7厘米，增温和拉大昼夜温差，促新藕迅速膨大。

②植株调整。定植后1个月左右，摘去浮叶，减少养分消耗，使阳光透入水中提高地温。摘花时一般将花梗曲折，不可折断，以免雨水侵入引起腐烂。

③追肥。莲藕为喜肥作物，在施足基肥的前提下，一般追肥两次。当莲藕6～7片叶进入旺盛生长期，亩施腐熟的粪肥1 000～1500千克，复合肥25千克；结藕时施催藕肥，亩施粪肥1 500～2 000千克，磷酸二铵15～20千克。选在晴朗无风的下午施肥；放浅水位，以利于肥料渗入土中，然后定水位。

④中耕除草。荷叶未封行前，杂草滋生，应及时拔除；拔下的杂草可塞入藕头下的淤泥中，作为肥料。荷叶封行后，植株进入旺盛期生长期，地下开始结藕，不宜再下水除草，以防藕株受到损伤。

⑤植株调整。莲藕栽植不久，就抽出莲鞭。接近池边的莲鞭，须随时将其转向田内；田中过密的莲鞭，也可适当转向较稀的地方，以使结藕均匀。藕梢很嫩，操作时要细心，不可折断莲鞭；转梢时先将梢部泥土挖去，将梢头托起按拨转方向埋入土中。转梢宜在中午茎叶柔软时进行，以免折断。在生长盛期，每隔3～5天需拨转1次。

⑥病虫害防治。旱地节水池藕发生病虫害较少，偶有发生要根据病虫种类选药物进行防治。种植2年以上的池塘易发生多种水草和水绵，防多种水生杂草可采取早期人工拔除或烤田灭草的方法；防水绵可用0.5％硫酸铜液喷施，亩用硫酸铜1～1.5千克，或用石膏2.5千克兑水120～130千克喷

雾防治。

病害主要是腐败病，侵害地下茎部，造成其变褐腐烂，导致地上部枯萎。虫害主要有蚜虫、斜纹玻蛾等。防治措施可参考本书相关内容。

(5)采藕

莲藕收获期应以市场行情为导向。挖藕前 15 天不再加水，一般可在 7 月中旬前后采“谢花”嫩藕抢鲜上市，大量采藕应在叶片枯黄衰败后直至翌年 3 月底生芽之前。凡留作藕种的，在封冻前必须覆盖 30～35 厘米厚的碎草或土杂肥或 30 厘米深水层进行保护，防止冻坏藕种。

29. 怎样进行莲藕的无公害栽培?

无公害莲藕的栽培应严格按照相关标准进行。

(1)藕田选择

实施无公害莲藕栽培的产地环境条件应符合 NY 5331—2006《无公害食品　水生蔬菜产地环境条件》的要求。某一地区是否符合这一标准要求，主要由当地农业和环保部门确定。一般情况下，离污染源（如化工厂、印染厂、造纸厂等）3 千米以上、且产区上游水源或灌溉水源未受严重污染的地区基本上都符合无公害食品莲藕生产的产地环境要求。

(2)品种选择

目前，各地栽培利用的莲藕品种中，除部分地方品种外，主要为武汉市蔬菜科学研究所选育的鄂莲系列莲藕品种。其中，鄂莲 1 号为极早熟品种，0312 莲藕、新一号莲藕及鄂莲 5

号为早中熟品种，00-01 莲藕和 00-26 莲藕为中晚熟品种。这些品种均为浅水莲藕品种，适宜水生 10～30 厘米，但也可以在 100 厘米左右的深水栽培。

(3)大田准备

整地前做好田园清洁。定植前 15 天整地施基肥，耕深 25～30 厘米。绿肥作物在整地 20 天以前直接翻压还田。中等肥力田块，每亩施腐熟厩肥 3 000 千克、磷酸二铵 60 千克及复合微生物肥料 180 千克，亦可施复合肥 50 千克和尿素 20 千克。第一年种植莲藕的田块，宜增施生石灰 50～80 千克，以后每 3 年施 1 次。

(4)种藕准备

生产用种藕的品种纯度要求不低于 90%，具有 3 个或 3 个以上的节及 1 个或 1 个以上的顶芽的藕支数不低于 90%，未受病虫为害，无大的机械损伤，新鲜无萎蔫。每亩用种量，早熟栽培为 250～350 千克，中晚熟栽培 200～250 千克，种藕带泥量 15%左右；从采挖到定植不超过 10 天。种藕临时储存时，宜遮阴覆草并洒水保湿或浸泡水中。

(5)大田定植

露地定植时期为 3 月下旬至 4 月上中旬。早熟栽培，行距 1.5～2.0 米，穴距 1.2～1.5 米；中晚熟栽培，行距 2.0～2.5 米，穴距 1.5～2.0 米。每穴排放整藕 1 支或子藕 2 支，定植穴在行间呈三角形排列。种藕藕支按 30°角度斜插入泥土，藕头入泥 5～10 厘米，藕梢翘露泥面。田块四周边行定植穴内藕头全部向内，定植行分别从两边相对排放，至中间两条对行间的距离加大至 3 米。

(6)大田管理

①追肥。定植后25～30天、55～60天分别施第一次、第二次追肥，每亩每次追施腐熟粪肥1 500千克，或复合肥20千克和尿素10～15千克。以采收老熟的枯荷藕为目的的，于定植后75～80天追第三次肥，施尿素和硫酸钾各10千克。

②水位调节。水深，定植期至萌芽阶段3～5厘米，开始抽生立叶至封行前5～10厘米，封行至结藕期10～20厘米，结藕期至枯荷期5～10厘米，莲藕留地越冬期间3～5厘米。

③除草。定植前，结合耕翻整地清除杂草。定植后至封行前，人工拔除杂草。发生青苔时，于晴天用5毫克/千克硫酸铜(水体浓度)浇泼水面，每7天1次，共2～3次。需要说明的是，莲藕田应谨慎使用除草剂。如果一定要选用除草剂，首先要仔细阅读有关除草剂的说明书，选择适宜种类的除草剂和使用方法；其次，在大面积使用前，要求先小面积试用，并观察一段时期。

(7)病虫害防治

无公害莲藕栽培，病虫害防治是关键，特别是应该按照无公害食品生产要求使用农药，不能使用国家明令禁止在蔬菜上使用的任何农药，不能对水体内的鱼类等产生危害。主要病虫害的综合防治技术如下：

①莲藕腐败病。选用抗病品种，栽植无病种藕，实行水旱轮作。种藕定植前用50％多菌灵可湿性粉剂800倍液浸泡1分钟。定植后，及时拔除发病病株。

②莲藕褐斑病。每亩用50%多菌灵可湿性粉剂75克或77%可杀得130克兑水60千克于发病初期喷雾。

③斜纹夜蛾。用黑光灯或频振式杀虫灯诱杀成虫,或用糖6份、醋3份、白酒1份、水10份及90%敌百虫1份调匀配成糖醋液诱杀成虫。人工摘除卵块或捕杀转移为害前的幼虫。转移后的幼虫每亩用Bt粉剂40克兑水喷雾防治。

④蚜虫。用黄板诱杀有翅成虫;或每亩用40%乐果乳油75克兑水9千克喷雾防治。

⑤克氏原鳌虾(龙虾)。在定植前7天,每亩用2.5%溴氰菊酯乳油50毫升兑水后均匀浇泼1次,田间水深保持3厘米。但在与水稻轮作或与鱼类共养的情况忌用。

⑥稻根叶甲。采用水旱轮作,清除田间和田边的眼子菜、鸭舌草等杂草,或放养泥鳅、黄鳝等捕食幼虫。5月初,每亩用5%辛硫磷颗粒剂3千克加入50千克细土内拌匀,施入莲藕植株根际;或茶子饼20千克,加水浸泡24小时,之后将浸泡后的茶子饼渣和汁液均匀浇泼田间。

⑦福寿螺。5~10千克茶麸或桐麸,或0.5千克密达,或70克百螺敌或螺快敌,或6%四聚乙醛颗粒剂1千克,撒施。

(8)采收

在主藕形成3个或3个以上膨大节间且节间直径达4厘米以上时即可以开始采收嫩藕(青荷藕)上市。叶片(荷叶)枯黄时开始采收老熟藕(枯荷藕)。长江中下游地区,一般可在7月上中旬采收早熟莲藕,8月中下旬至9月上中旬采收莲藕。产品质量要求符合NY 5238—2005《无公害食品　水生蔬菜》的规定。

30. 莲藕栽培上应该怎样施肥?

莲藕以膨大的地下根状茎为食用器官，生育期长，需肥量较大，属于喜钾肥作物。据报道，莲藕对氮(N)、磷(P_2O_5)、钾(K_2O)的吸收比例大致为1∶0.38∶1.5。

莲藕应在施用基肥的基础上，及时追肥。在莲藕整个生育期中，应以基肥为主。施足底肥是莲藕丰产的关键性措施之一。基肥一般每亩施农家有机肥4 000～5 000千克，复合肥50千克；在栽植前15天，结合翻耕整田与土层充分搅拌，均匀分布。切忌施入未腐熟的农家肥。

莲藕生长期间一般应追肥3次。第一次在立叶开始出现时进行，每亩施人粪尿肥800～1 000千克或多元复合肥50千克或尿素8千克；第二次在立叶已有5～6片时进行，每亩施人粪尿肥1 000千克左右或尿素12千克；第三次追肥在终止叶出现时进行(这时开始结藕)，每亩施人粪尿肥约1 500千克或多元复合肥20千克或尿素和硫酸钾各10千克。施肥应选择晴朗无风的天气，避免在露水未干和烈日的中午进行。每次施肥前要放浅田水，以便肥料吸入田泥中，施肥2～3天后再灌水至原来的深度。追肥时，肥料若沾在叶片上，应泼水冲洗，以防肥料灼伤叶片。

31. 怎样识别和防治莲藕腐败病?

莲藕腐败病又称莲藕枯萎病、腐烂病，俗称“藕瘟”，是莲藕生产上的主要病害之一。此病如不及时防治，一般损失可达 15%～25%,严重的可达 70%～80%,甚至绝收。

(1)莲藕腐败病的主要症状

莲藕腐败病主要危害莲藕地下茎部,造成莲节变褐腐烂,藕孔中充满白色棉絮状的菌丝体,并导致地上部枯萎。发病初期症状不明显,剖视病茎部可见维管束变淡褐至褐色,随后变色部位逐渐扩大,由种藕扩展到当年新生的地下茎,严重时地下茎呈褐色至紫黑色腐败,不能食用。由于发病后藕株输导组织受阻,地上部叶片也呈现病状,初期色淡,后变褐干枯或卷曲,最后叶柄顶部弯曲,变褐干枯,严重时藕田一片枯黄,似火烧状。挖取病藕,可见藕节根毛腐烂,藕节上有蛛网状菌丝体和粉红色黏物。

(2)发病规律

莲藕腐败病除土壤带菌外,种藕也会带菌。种藕在栽前通过气流或相互接触,越冬病菌从伤口侵入到地下幼嫩茎块内蔓延。病菌以菌丝体在种藕上越冬,或以厚垣孢子在土壤中越冬。带菌的种藕和有厚坦孢子的泥土成为初侵染源,带病种藕则成为中心病株,扩展到新生的地下茎和根系,后波及叶柄和叶片,形成再侵染。一般在 6 月上旬开始发病,7 月中旬至 8 月上旬为盛发期。阴雨连绵,光照不足或暴雨频繁,极易诱发该病;土壤酸性大的连作田,藕田通风透气性不良,有污水积灌,水温高于 35℃又偏施氮肥等、也是诱发该病的重要原因。

(3)防治方法

莲藕腐败病是莲藕栽培上的重要病害,在防治上应采用综合技术措施。

第一,选择高产优质无病种藕。藕种一般要选用藕身粗壮、龙头齐全无创伤、表皮健全呈黄锈色、根节为棕红色、根毛为棕色，无其他附属物、藕心不空无菊花形、无异味的藕种。

第二，轮作和土壤消毒。实行水旱轮作，与非水生作物进行 2～3 年的轮作，是防治莲藕腐败病的最有效办法之一。栽藕前一定要进行土壤消毒、灭菌。首先清除田间的陈藕及其根茎叶等残物。灌水前 1 周每亩施入 50～100 千克生石灰对藕田进行土壤消毒处理，既调节土壤酸碱度，又可减少病害的发生，或灌深水过冬杀死越冬病菌。在种植前 10～15 天，每亩用 70%敌克松或 50%多菌灵 500 克，拌细土 30 千克，撒施进行土壤消毒（留浅水层 2～3 厘米）。

第三，加强田间管理。为促进植株健壮生长，增强抗病与抗逆性，栽植前应施足腐熟有机肥；注意氮、磷、钾配合施用，避免偏施氮肥。生产上，一般每亩施纯氮 15～18 千克，不得超过 20 千克。应增施硅肥，补施硼、锌、钼等微量元素。及时进行田间检查，发现病株及时拔除、深埋或烧毁。田间作业时，应尽量减少人为损伤地下茎。发病期间注意深水灌溉，降低地温，抑制病菌繁殖。

第四，科学用药防治。藕种消毒选用 98%恶霉灵或绿亨一号 2 000 倍液浸藕种 3～5 分钟，或用 70%甲基托布津 1 000 倍液、75%百菌清 800 倍液喷雾，盖农膜密闭 24 小时，等药水晾干后种植。发病初期，可用 50%多菌灵 WP 600～800 倍液或 50%甲基硫菌灵 WP 800～1 000 倍液喷雾，也可选用可杀得 2000（志信 2000）1 000 倍液、80%大生 M-45 600 倍液或纳米银 800～1 000 倍液、绿亨一号或恶霉灵 2 000～3 000 倍液防治，每 7～10 天施药 1 次，连续 2～3 次。

上年重病田块，宜用 50%多菌灵 WP 和 75%百菌清 WP

按1∶1混配的600倍液喷雾；也可每亩用上述混合药粉0.5千克(按1∶1)拌细土25～30千克，堆闷3～4小时后，撒入浅水层莲蔸下，2～3天后再用上述混合药粉600倍液或70%甲基硫菌灵800倍液、25%甲霜灵WP 1 000倍液喷洒叶面或叶柄，7～10天1次，连喷2～3次。

32. 怎样识别和防治莲藕褐斑病?

莲藕褐斑病是莲藕生产上的重要病害之一。该病在莲藕整个生育期都可发生，主要危害荷叶；一般病株占30%～50%，严重时发病率可达80%以上，显著影响莲藕的产量和质量。

(1)莲藕褐斑病的主要症状

初期叶面生出淡黄褐色小斑点，斑点慢慢向周围扩大成圆形或近圆形深褐色斑块，有明显轮纹；中后期严重时几个斑块融合在一起形成不规则形大斑，布满整个叶片，使叶片早枯，丧失光合作用能力，造成减产，甚至植株死亡。空气湿度大时，病斑上生出黑色小霉点即病菌分生孢子。

(2)发病规律

病原菌主要以分生孢子和菌丝体随病叶残体在土中越冬，翌年藕出苗、叶片露出水面时，孢子侵染浮叶；病部以后不断产生孢子，造成再次侵染。病原菌生长适宜温度15～30℃，主要靠风雨传播。田间4月中下旬平均气温约17℃时开始发病，6～8月间多雨尤其是多暴雨，发病加重。浮叶因浮在水面发病重，立叶因离开水面发病轻。连作和种植过密发病重。深水田发病重，浅水田发病轻。华南地区病原菌分生孢子无越冬现象，主要借气流和风雨传播。

(3)防治方法

莲藕褐斑病的综合防治技术如下：

第一，选择高产优质无病种藕。种藕要在无病藕田选留藕身粗壮、前端肥大的二、三节正藕作种，因其叶片伸出水面快，可减少侵染。藕种表皮健全呈黄锈色，根节为棕红色，根毛为棕色，无其他附属物；藕心不空无菊花形，无异味。

第二，轮作和土壤消毒。实行水旱轮作，与非水生作物进行2～3年的轮作。在种植前10～15天，每亩用70%敌克松或50%多菌灵500克，拌细土30千克，撒施进行土壤消毒。及时清理藕田病残株并集中深埋或烧毁，减少病原。灌水前1周每亩施入50～100千克生石灰对藕田进行土壤消毒处理，或灌深水过冬杀死越冬病菌。

第三，加强田间管理。合理密植，施足腐熟有机肥基肥，用复合肥作追肥，及时补充微量元素，做好水分管理，确保藕田通风透光，增强植株抗病抗逆性。挖藕前摘去病叶，集中堆肥或深埋。冬季清理藕田。如果发现有病害发生，在初期应该及时用药防治。

第四，科学用药防治。在发病初期可以用50%多菌灵可湿性粉剂600倍液或75%百菌清可湿性粉剂600倍液喷施；也可选用12.5%得清乳油3 000倍液、75%达科宁可湿性粉剂600倍液、25%施保克乳油1 000～1 500倍液、20%三唑酮乳油1 000倍液、25%炭疽立克乳油1 000～1 500倍液、25%阿米西达悬浮剂1 500倍液、23%垦克菌水剂500倍液、10%世高水分散粒剂1 000倍液喷施；每隔7～10天喷1次，连续2～3次。此法可兼治其他真菌性病害，注意轮换用药。

33. 莲藕栽培上有哪些主要虫害？如何识别与防治？

莲藕生产上的虫害主要有莲缢管蚜、斜纹夜蛾、食根金花虫、莲潜叶摇蚊等。

(1)莲缢管蚜

莲缢管蚜属同翅目蚜科，分布于全国各地产莲区。该虫除危害莲藕外，还可危害慈姑、浮萍、眼子菜等水生蔬菜。

①形态特征。卵为长卵圆形，长0.55～0.71毫米，宽0.31～0.39毫米，黑色。若蚜大多4龄，少数3龄和5龄，形似无翅胎生雌蚜，但体较小。成虫有6种不同形态型，常见形态有有翅胎生雌蚜和无翅胎生雌蚜。有翅胎生雌蚜，体长2.3毫米，宽1.0毫米，长卵形；触角、头、胸黑色，腹部褐绿色至深褐色；额瘤不明显，腹部2～6节有缘瘤；腹管长筒形，长于触角第3节；尾片锥形。无翅胎生雌蚜，体长2.5毫米，宽1.6毫米，卵圆形；褐色至褐绿色或深褐色，被薄蜡粉，额瘤不明显；腹管长筒形，长于触角第3节，其中部、顶部缢缩，端部膨大；腹部2～6节有缘瘤；胸腹背面具小圆圈连成的网纹；尾片具4～5根长曲毛。

②危害症状。莲缢管蚜主要为害浮叶、未张开的幼嫩立叶、叶梗、花蕾和花瓣(图5)。受害叶片发黄，生长不良，影响降低莲藕产量和品质。

③发生规律。莲缢管蚜全年27～29代，孤雌生殖，属于半生活周期型，世代重叠。浙江以若蚜在李、梅等蔷薇科李属果树上越冬，北纬30°以南冬季温暖地区，如浙江温州等地，以无翅胎生雌蚜和若蚜在绿萍、水葫芦等水生植物上越冬。

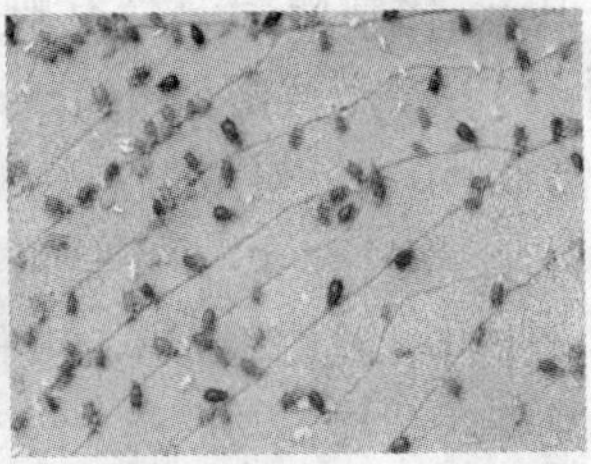

图 5　莲缢管蚜危害

北纬 30°以北气候冷凉地区，以卵在桃、李、杏、梅、樱桃等果树枝条的叶芽、树皮下越冬，为全生活周期型。

翌年 3 月份，日均温度稳定在 12℃时，越冬后的卵开始孵化，在桃树上繁殖 4、5 代，4 月下旬至 5 月上旬产生有翅蚜迁飞到莲藕、慈姑等水生蔬菜上，繁殖 25 代，直到 10 月中下旬产生有翅雌性蚜，迁回越冬寄主上，11 月上中旬雌性蚜开始交尾产卵。以成、若蚜在绿萍上越冬的，气温 14℃时开始繁殖，出现有翅蚜后迁到水生蔬菜上。以成、若蚜在李属果树上越冬的，待桃、梅开花时开始繁殖，5 月中下旬产生有翅蚜迁往水生蔬菜继续繁殖危害。

④防治方法。

其一，农业防治。培育壮苗，合理密植，减轻田间郁闭度，降低湿度，加强肥水管理，人工摘卵，清除田间浮萍和绿萍等水生植物、田间杂草，避免慈姑田和莲藕田混杂栽植。

其二，生物防治。蚜茧蜂、瓢虫、草蛉、食蚜蝇、蜘蛛、食蚜盲蝽、瓢虫等天敌，对蚜虫有明显控制作用。要根据天敌和蚜虫发生期的差异，调整施药时间，应选择对天敌毒性低的农药，保护天敌。

其三，化学防治。当有蚜株率达到15%～20%时，及时喷洒1%苦参碱醇溶液600～800倍液或0.5%藜芦碱醇溶液500倍液、50%抗蚜威可湿性粉剂2 000～3 000倍液、70%吡虫啉水分散粒剂10 000倍液、50%灭蚜松乳剂1 000倍液、10%吡虫啉可湿性粉剂1 500倍液、25%敌杀死2 000倍液，每亩喷兑好的药液55升，每14天喷雾1次，连续喷3次，田间杂草(特别是浮萍)须全部喷到。水生蔬菜禁止使用菊酯类农药。

(2)斜纹夜蛾

斜纹夜蛾属鳞翅目夜蛾科，又称莲纹夜蛾，俗称椰菜虫、野老虎、夜盗虫、乌头虫等，是一种暴食性、间歇性、杂食性害虫。斜纹夜蛾以幼虫肯食叶、花和果实，危害所有水生蔬菜，但以莲藕和水芋等受害严重。斜纹夜蛾暴发时，全田叶片被吃成光秆或仅残留粗叶脉，有的地方一夜形成“鬼剃头”。该幼虫吃光全田叶片后又成群迁移他处，造成严重减产，甚至绝收。斜纹夜蛾分布几乎遍及全国各地，以江苏、上海、江西、浙江、安徽、湖北、湖南、河北、山东和河南等省市发生较严重。

①形态特征(图6)。斜纹夜蛾卵半球形，略扁，直径约0.5毫米，高约0.4毫米，初黄白色，后变灰黄色，近孵化时呈紫黑色，卵面由纵梭和横沟交织成网状；卵一般产于叶背面，卵块多为椭圆形或条状，每卵块由数十至数百粒卵组成，一般不规则地重叠2～3层，外盖一层淡黄色绒毛。幼虫大多6龄，圆筒形；老熟幼虫体长35～47毫米，头部、前翅及末节硬皮板褐色至黑褐色；体色变化较大，虫数量少时多为土黄色或淡灰绿色，虫数量密度大时体色黑褐色；老龄幼虫背面暗绿色，亚背线和背线黄色。成虫体长14～20毫米，翅展33～42毫米。头、胸和腹均深褐色，尾端鳞毛茶褐色。前翅自前

向后有3条淡白色的斜线，故称斜纹夜蛾。蛹长15～30毫米，圆筒形，末端渐小；赤褐色至暗褐色；蛹末端有1对强大而弯曲的刺。

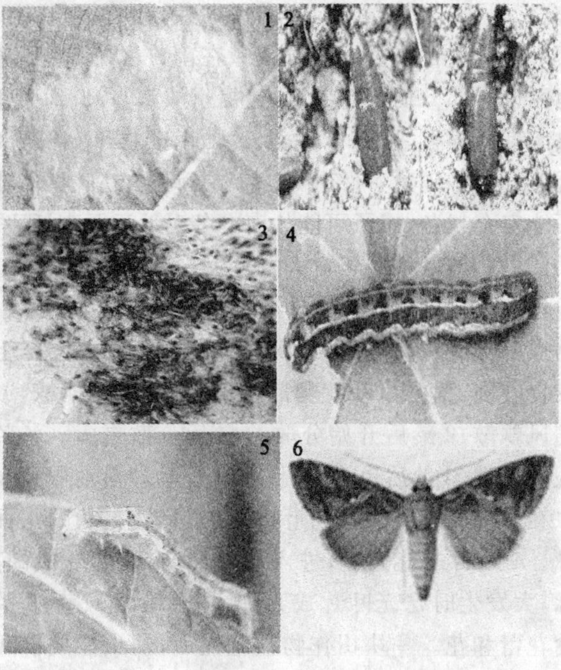

图6 斜纹夜蛾

1为斜纹夜蛾卵；2为蛹；3为初龄幼虫；4为黑褐色大龄幼虫；5为黄褐色型大龄幼虫；6为成虫。

②发生规律。斜纹夜蛾喜较高的温度，各虫态的适宜温度为28～30℃，在33～40℃仍能正常生活，但抗寒力弱，在0℃的长期低温条件下不能存活；相对湿度以80%较宜。土

壤含水量约20%时有利于化蛹和羽化，过干或过湿，对化蛹均不利。斜纹夜蛾一年发生的代数，北方地区较少，3～5代；南方地区较多，5～9代；辽宁3代，河北4代，浙江杭州5～6代，广东广州7～9代，云南潞江8～9代，福建福州6～9代，台湾7～9代，世代重叠。斜纹夜蛾在南方以蛹越冬，冬季较温暖地区也有部分幼虫越冬，福建福州从12月份到翌年2月份各虫态都有存在，广东省广州、广西南宁、云南省路江和台湾省无滞育越冬现象，可终年发生。据调查，在长江以北各虫态都不能安全越冬，蛾子可能从南方冬暖地远距离迁飞而来，造成长江以北地区某些年份大量发生。

③危害习性。斜纹夜蛾一般危害莲的立叶，不危害浮叶。初孵幼虫群集卵块附近取食，每片荷叶正面有数十至上百头幼虫咬食叶肉，稍有惊动就爬散，或随水面迁至他株，或吐丝下垂随风飘散；2龄后开始分散，3龄后分散更多。各龄幼虫均有假死习性，3龄后更为明显，稍有惊动即落地假死。1～2龄幼虫在叶反面咬食表皮与叶肉，仅留呈纱布状的正面表皮和叶脉。4龄后食量大增，进入暴食期，啃食叶片成缺刻，仅留主脉，大发生时吃光叶片成光秆，还会啃食嫩茎；3龄起即可咬食花蕾和花。一块田作物被吃光后，幼虫能成群爬迁到邻田危害。

④防治方法。该虫是比较易于防治的一类害虫，关键是要抓住成虫期和低龄幼虫期及时诱杀防治，即可取得很好的控制效果。

其一，物理防治。在每次成虫发生高峰期（以当地预测预报为准），以黑光灯、频振式杀虫灯、糖醋诱杀液诱杀成虫。点灯时间一般于成虫活动时（天黑后3小时），以节省电能。各地配制诱杀液的配方很多，以糖酒醋的混合液诱杀效果最好。其配法：用红糖 0.25 千克或饴糖 0.5 千克，加醋 0.25 升，酒 50 毫升，清水 0.5 升，敌百虫少许；也有用酸菜水、酸泔水、腐烂果实或汁、发酵的胡萝卜和甘薯汁、粉浆或酒糟，再加少量醋、水和敌百虫。将诱杀液倒入碗、钵或盆中，3～5 厘米深，碗距地面高 0.6～1 米，白天盖好碗，以免诱液蒸发，傍晚打开。

其二，农业防治。结合田间管理，摘除卵块和初孵幼虫被害叶，因初孵幼虫群集产卵叶上危害，易于消灭。

其三，生物防治。天敌对斜纹夜蛾虫口消长有重要影响。寄生性天敌有寄生于幼虫的大腿蜂、绒茧蜂、寄生菌、寄生蝇、病毒等；捕食性天敌有瓢虫、步甲、鸟类等，对抑制虫口数量都起较大作用。

其四，化学防治。在幼虫低龄盛发期，选用 5%功夫乳油 1 000～1 500 倍液、52.5%农地乐乳油 1 500 倍液、48%乐斯本乳油 1 000 倍液、20%灭扫利乳油 2 000 倍液、50%杀螟松乳油 1 000 倍液，喷施。喷药时期要在 3 龄幼虫盛发以前，喷药时间最好在幼虫活动的傍晚或下午，药效好，损失小。虫少苗小，每亩喷药液 50～75 升，虫多虫大、植株高大茂密时，每亩喷足药液 100 升。

(3)莲藕食根叶甲

莲藕食根叶甲属鞘翅目叶甲科，又叫稻食根金花虫、稻食根叶甲、长腿水叶甲，俗称地蛆。此虫危害莲藕的地下茎，幼虫危害莲藕的根须及藕段等；被害处咬成许多小孔，呈黑褐色斑点。地下茎受害后，莲叶不能正常开展，从叶缘向中部逐渐发黄枯死，严重时全株死亡。将泥土中藕根拔起，可见根部附着大量的幼虫蛹茧。成虫主要咬食莲藕和眼子菜等叶片，吃成孔洞或缺刻。

①形态特征(图7)。卵长约1毫米，长椭圆形，稍扁平，乳白色，后变淡黄色；卵块上覆盖有白色透明胶状物。幼虫体长9～10毫米，白色蛆状，头部很小，胸腹部肥大；体形稍弯曲成纺锤形，胸足3对，无腹足；尾端有对爪尾钩，钩在藕茎上或须根上不易掉落。成虫体长5～9毫米，宽2～3.2毫米，褐色，有金属光泽。头部铜绿色至紫黑色，中央有纵沟。触角丝状，基部黄褐色，各节端部黑褐色。前胸背板近正方形。鞘翅上有刻点和平行纵沟，臀板外露。各足腿节有蓝绿色光泽，后足腿节端部有一齿状刺。蛹8毫米，白色，外层包有红褐色胶质薄茧，形似饭豆状，所以，群众称它为"饭豆虫"。

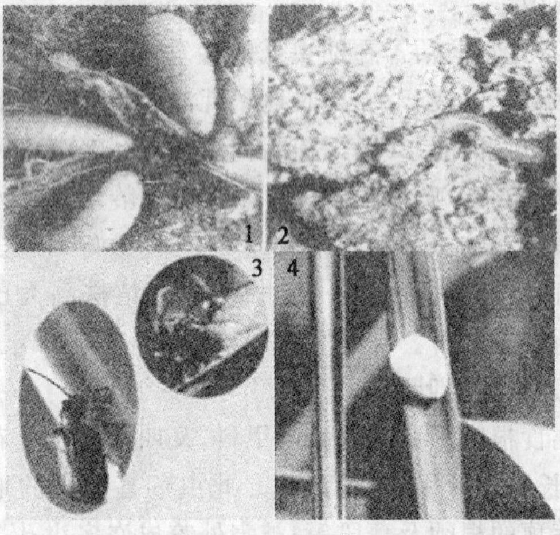

图7　莲藕食根叶甲

1、2为幼虫；3为成虫；4为蛹

②发生规律。莲藕食根叶甲在全国大部分地区一年一代,以幼虫在莲藕根须、藕节间或积水的土下深 16～30 厘米有寄主植物根的地方越冬。翌年 4 月下旬至 5 月上旬越冬幼虫开始危害,5～8 月份化蛹羽化,7 月份为羽化和成虫产卵盛期,7 月下旬至 8 月上旬为卵孵盛期,10 月份开始越冬。卵孵化后,幼虫入水钻入土中食害藕节,并在土中化蛹、羽化为成虫,再向上爬,浮出水面,1～2 天后交配。交配 1～2 天后开始产卵。卵主要产在藕塘中眼子菜叶背面,其次是稻、荷叶、鸭舌草等叶面上。成虫寿命 7～11 天;卵期 6～9 天,孵化最适温度 20～27℃;蛹历期 15～17 天。

莲藕食根叶甲主要发生在长期积水的池塘、湖荡、沤水田、低洼田、藕田中。另外,眼子菜、鸭舌草多的藕田,虫量多,受害重。据调查,土壤含水量在 20%以上,幼虫则能长期存活,而土壤含水量低于 10%,7 天后幼虫存活仅 3.3%;搁田晒塘对幼虫发生不利,而常年积水和排水不良的低洼田有利它的发生和危害。

③防治方法。

其一,农业防治。实行两年以上的水旱轮作。清除田间杂草,特别是眼子菜和鸭舌草等水生植物;耕田时将杂草压入泥中,或放浅水,每亩撒施石灰粉 100 千克,再耕耙,将杂草压入土中。可在莲藕生长前期,人工拔除杂草,以减少成虫寄生及产卵场所。清除虫源,冬季排除藕田积水,促使越冬幼虫死亡;在成虫盛发期,田间定点专门留一些眼子菜等杂草,诱集成虫产卵,然后集中消灭。

其二,生物防治。在莲藕田放养泥鳅、黄鳝等,一方面,可取食莲藕食根叶甲,以达到控制虫量、减轻危害的目的;另一方面，进行种养结合，在提高综合经济效益的同时，也保护了藕田的生态环境。

其三，化学防治。在危害初期（5月初至6月上中旬）进行根部土层施药，每亩撒茶子饼粉20千克，或50%辛硫磷乳油160毫升或50%辛硫磷颗粒剂3千克1 500倍液均匀喷在30千克细干土中制成药土，于午后或傍晚将藕田水放干，然后施入药土，翌日放水深为3～5厘米润田，3天后恢复正常水管理。也可在莲藕栽后7～10天(一般4月中下旬)，每亩施60%丁草胺水分散粒剂60毫升、50%扑草净可湿性粉剂0.1千克，或12.5%恶草灵乳油200毫升，用药土法或喷雾法将药剂均匀施于田中，施药时田间保持3～5厘米浅水层，并保水5～7天。

(4)莲潜叶摇蚊

莲潜叶摇蚊是危害莲藕的重要害虫之一，属双翅目摇蚊科。莲潜叶摇蚊主要危害莲藕的浮叶，不危害离开水面的立叶。以幼虫潜食叶肉危害，致浮叶叶面布满紫黑色或酱紫色蛀道(虫斑)，并从周围开始腐烂，严重时浮叶大部分被蛀变色，几乎没有绿色面积，终致浮叶腐烂、枯萎，受害率近100%。用种子繁殖的实生苗，不论春播或秋播，受害最为严重。因此，生产上尽量采用种藕作为繁殖材料。莲潜叶摇蚊主要分布于湖北、湖南、江苏和浙江等省。

①形态特征(图8)。成熟幼虫体长10～11毫米，黄色或淡黄绿色；口器黑色；头部褐色；腹部圆筒形；中胸、后胸宽大；足退化；腹末有两对指状较长的肛门鳃。成虫体长3～4.5毫米，淡绿色；触角羽毛状，基部褐色，前端黑褐色；中胸发达，其后部两侧各有一个梭形黑褐色条斑，小盾片也有一对倒“八”

字形黑斑；腹部末端第五六节背面前缘有褐斑；前翅淡茶色，最宽处有较宽的黑斑，外缘也有不规则黑斑。蛹体长 4～6 毫米，淡绿色；复眼红褐色；前足明显游离蛹体，卷曲于胸、腹前；蛹前端和尾部生有短细的白色绒毛。

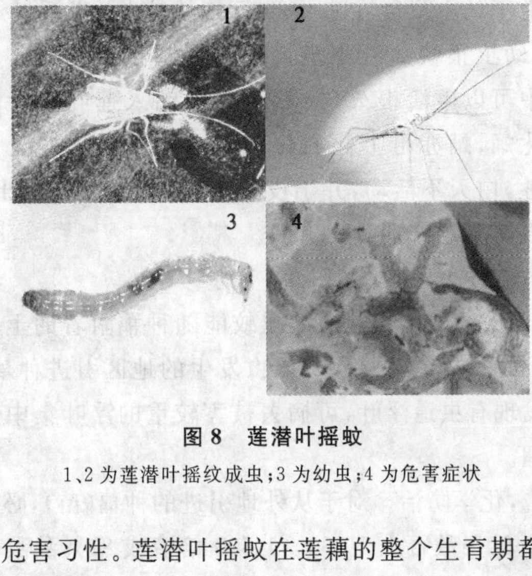

图 8　莲潜叶摇蚊

1、2 为莲潜叶摇纹成虫；3 为幼虫；4 为危害症状

②危害习性。莲潜叶摇蚊在莲藕的整个生育期都可危害莲藕的浮叶，前期受害使莲藕生长缓慢，后期受害对莲藕生长影响不大。浮叶受害后，其上分布许多褐色不规则形虫道。莲潜叶摇蚊一般只在一片叶上完成幼虫期，并不转移危害；幼虫一旦入水，就不能再次侵入。幼虫老熟后，将头部前方浮叶皮膜顶裂，而后静伏化蛹。

③发生规律。莲潜叶摇蚊寄主植物仅莲藕一种，以带土种藕作远距离传播。一年中成虫有两个高峰，即在 4～5 月份和 9～10 月份。幼虫危害期在 4～11 月份。在 7～

8月份田间各虫态均有，以幼虫居多，危害最重。卵产于莲浮叶边缘水中，幼虫孵化后从叶反面钻入，蛀入孔近圆形；每只幼虫一生取食叶面积约1.5厘米^2。老熟幼虫顶破头部前方的浮叶上表皮，为羽化孔，然后吐丝作茧，静伏茧中化蛹。由于幼虫只能在水中进行气体交换，当浮叶长高离开水面，幼虫很快离开虫道，转移他处，虫道干缩。入水幼虫在水中可以生活很久，但不能再次钻入莲叶。大幼虫可在水底化蛹，蛹亦可上浮羽化为成虫，蛹期3～7天。成虫有趋光性，白天不活动，并于夜间羽化，从羽化孔爬出；雌雄成虫婚飞交尾后产卵。

④防治方法。

其一，农业防治。莲潜叶摇蚊能随种藕附着的土壤远距离传播，因此，尽量不要从有该虫发生的地区引进种藕；如生长前期发现有虫道浮叶，可摘去被害较重的浮叶集中烧毁或填埋处理。

其二，化学防治。对于从外地引进的种藕（苗），必要时喷施或浸渍90%敌百虫1 000～1 500倍液或80%敌敌畏乳油2 000倍液，再加薄膜闷2～3小时，然后播种。对于越冬幼虫，结合春耕，于浮叶抽出前每亩撒施10%苯线磷颗粒剂5千克，或每亩撒施3%呋喃丹颗粒剂2～3千克。浮叶抽出后加强检查，发现浮叶有虫道时，可选用35%卵虫净乳油1 500倍液、50%蝇蛆净可湿粉2 000倍液、25%喹硫磷1 500倍液、50%马拉松乳剂1 500～2 000倍液、50%马拉硫磷1 500倍液、21%灭杀毙乳油6 000倍液、90%晶体敌百虫1 000～1 500倍药液，喷施。

34. 如何采收莲藕？

莲藕生育期一般早熟品种 130 天左右，中、晚熟品种 160～180 天。当莲藕终止叶出现后，终止叶的叶背呈微红色，基部立叶的边缘开始枯黄时，表明藕已充分成熟，此时即可采藕上市。莲藕采收期弹性较大，一般从采青荷藕至老熟藕可持续好几个月，因此，可随市场行情分批采收（图 9）。

图 9　莲藕采收

1、2 为青荷藕采收；3 为老熟藕采收

采收时要先找出结藕位置（沿后栋叶和终止叶向前就是结藕位置）。莲藕采收分青荷藕采收与老熟藕采收（图 9）。采收青荷藕时要在采收前 7 天左右割去地上青荷梗，可减少藕表皮上的锈斑。采收老熟藕时可全部挖完，亦可隔行挖藕；全部挖完可防止残株和遗留莲藕节，避免翌年产生混杂；隔行挖藕，留下的藕节可作种，免去翌年重新栽植，且新藕成熟早。采收时先将藕身周围的泥掏空，露出藕身，再将藕的藕稍（后把节）从藕鞭上 6 厘米左右处折断，然后将整藕取出。莲藕采收时，要尽量避免损伤和折断，并保留其上的泥土。

35. 莲藕留种应注意哪些问题？

(1)藕田与品种的选择

种藕选择的第一步就是莲藕品种的确定，选择适宜本地种植及商品性好的莲藕品种，并选择莲藕种性表现比较纯正的藕田作为留种田。

(2)株选

莲藕株选一般进行 3 次。第一次进行片选。在莲藕旺盛生长期，选择符合本品种特征特性、适应性强、生长整齐、成熟期一致的莲藕作为留种株，并做好标记。第二次选择，在莲藕采收时，选择藕长圆筒形、藕身粗壮圆润、藕节均匀、表皮光滑、优质、高产的单株作为留种株，并做好标记。第三次选择在翌年栽种采挖时进行，选择无病虫、无损伤、无腐烂的藕节作为种藕。

(3)种藕的保存

种藕选好后一般在藕田内保存越冬，翌年栽种时采挖，栽入新田。如从外地购买种藕，可在藕田内暂时保存一段时间，将藕种埋入藕田湿泥中，以浅水封田防冻，翌年气温回升时取出重新栽入藕田。如留种田下年仍继续种植莲藕，可在翌年采挖莲藕时隔行采挖，挖去面积 3/4，留下 1/4 不挖，留下的 1/4 藕节即可作为种藕，可促早发。

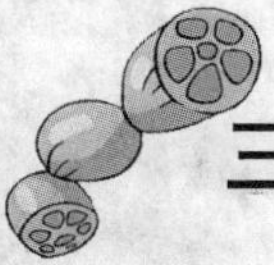

三、茭白的生产技术

36. 茭白有哪些类型？目前生产上有哪些主要品种？

茭白为禾本科多年生水生宿根植物。成熟茭白植株高1.6～2.2米，有叶5～8片。叶由叶片和叶鞘两部分组成。叶片与叶鞘相接处有三角形的叶枕，称茭白眼。叶鞘自地面向上层左右互相抱合，形成假茎。茎可分地上茎和地下茎两种。地上茎是短缩状，部分埋入土中，其上发生多数分蘖。地下茎为匍匐茎，横生于土中越冬，其先端数芽次年春萌生新株，新株又能产生新的分蘖。

由于茭白植株体内寄生着黑粉菌，其菌丝体随植株的生长，到初夏或秋季抽薹时，主茎和早期分蘖的短缩茎上的花茎组织受黑粉菌菌丝体代谢产物——吲哚乙酸的刺激，基部2～7节处分生组织细胞增生，膨大成肥嫩的肉质茎，即食用的茭白(图10)。

目前茭白栽培类型有单季茭白与双季茭白两类。长江中下游地区，单季茭白一般于11月上旬前定植种茭，地下茎在浅水中越冬；露地条件下翌年4月份左右气温回升时萌发产生新的植株；开始孕茭时间为8月初，9月中旬开始采收。双季茭白每年种茭于11月上旬前定植，地下茎在浅水中越冬，露地条件下翌年4月份左右气温回升时萌发产生新的植株，

图 10　茭白

也可翌年早春(2 月底至 3 月份)定植于塑料大棚,一般于 6～7 月份采收夏茭,9 月底至 10 月份采收秋茭。

不同栽培类型,各有其主要品种。

(1)单季茭白主要品种

①美人茭。该品种植株高大,株高 1.8～2.2 米;单株分蘖有叶片 10～15 叶,叶片长 120～165 厘米,宽 3.2～4.2 厘米,叶色深绿;叶鞘长 50～60 厘米,宽 4.0～4.6 厘米,浅褐绿色,两侧密生棕色绒毛;肉质茎长 25.6～33 厘米,横径 3～5 厘米,表皮白色,肉质细嫩,形似美人;肉质茎纤维少,味甜美,品质佳,营养价值高,单茭肉重 150～200 克。

②金茭 1 号。该品种耐肥力中等,耐寒性、抗病性较强;植株长势中等,株型紧凑,株高 2.4～2.6 米;每墩有效分蘖 3.4～5.2 个;最大叶长 175～196 厘米,叶宽 4.1～4.6 厘米,叶鞘浅绿色覆浅紫色条纹;单壳茭重 110～135 克,平均

124.6 克。

③丽茭 1 号。该品种株型紧凑，生长势强，株高 240～250 厘米；叶片披针形，长 180～190 厘米，宽 3.8～5.3 厘米，叶鞘长 50～60 厘米；植株分蘖力中等；肉质茎竹笋形，表皮白色、光滑，质嫩品质好，长 12～25 厘米，直径 3.5～4.5 厘米；壳茭重 140～210 克，肉茭重 100～150 克；生长适宜温度 15～28℃，孕茭适宜温度 20～25℃；适宜海拔 800 米左右的地区种植。

(2)双季茭白主要品种

①浙茭 2 号。该品种属中熟、晚熟品种；分蘖力中等；茭茭呈纺锤形，两头小，中间大，表皮洁白、光滑，肉质细嫩，食味鲜美；单茭重 145 克，最大达 250 克，且雄茭极少。

②金茭 2 号。该品种长势中等，分蘖力较强，较抗锈病，耐肥力中等；植株高 2.16～2.28 米；叶色较淡，叶鞘浅绿色，叶鞘长 52～55 厘米；孕茭适宜温度 22～32℃；年生长期内每墩有效分蘖 11.8～14.1 个，单株茭白绿叶数可达 6 叶以上；茭肉梭形，茭体 4 节，表皮光滑，肉质细嫩，商品性佳；平均壳茭重 120.2 克。

③鄂茭 2 号。该品种株高 2.4～2.5 米；叶片宽 3.6～4.0 厘米，叶鞘长 65 厘米；肉质茎竹笋形，表皮白色、光滑；肉质茎长 18～20 厘米，直径 3.5～4.0 厘米；单茭重 90～100 克。

④浙茭 911。该品种为早熟品种，生长势中等，分蘖力强，较耐低温；肉质茎表面洁白有光泽，商品性好；夏茭于 4 月下旬至 5 月中旬收获，秋茭于 10 月中下旬收获。

⑤水珍一号。该品种属中熟、晚熟品种，生长势强，分蘖力

强，耐高温，产量高；肉质茎表面洁白，肉质细嫩，口感好，商品性好；保护地栽培夏茭于5月中旬上市，覆地栽培于6月底上市，秋茭于9月中旬至10月上旬上市，具有较高的推广价值。

⑥六月白。该品种为早熟双季茭，生长势中等，分蘖力较弱；孕茭率高，以游茭结茭为主；前期茭白有皱纹。

37.怎样确定茭白的栽培季节?

确定茭白栽培季节的主要因素是品种类型、当地的温度条件以及栽培设施。茭白整个生长发育过程中温度是最重要的限制因子。茭白越冬后的母株萌芽长出新叶所需温度需在5℃以上，以10～20℃为宜。因此，长江以南地区露地大田种植茭白一般需在清明到谷雨期间定植，而利用大棚等设施进行保护地栽培定植期可提前到1月底至2月初。

茭白的可食用部分是膨大的茎。它是由黑粉菌菌丝体刺激而形成的，而黑粉菌丝体的适宜生长温度为15～25℃，所以，茭白孕茭的适宜温度为15～25℃，低于10℃或高于30℃不能孕茭。

茭白栽培季节的确定要结合当地气候条件以及栽培品种进行综合考虑。其中，春种株萌发时期与孕茭时期是茭白生长的关键时期，也是茭白栽培管理的重点环节。

长江中下游地区，平原露地单季茭白一般开始孕茭时间为8月初，始收时间为9月中旬左右，品种间有一定差异。高海拔地区利用其夏季凉爽的气候条件，单季茭白上市时间一般可提前至7月底到9月初，称为高山茭白。在大型水库下游地区，6月底可利用水库库底冷水串灌单季茭白，7～8月份就可采收茭白，称为冷水茭。长江中下游地区露地双季茭，夏茭孕茭时间一般5月初，6～7月份为采收期；秋茭一般在9月底至11月中旬采收。早春利用大棚等设施进行双季茭早熟栽培，孕茭期可提前至4月份，5～6月份采收。

38. 茭白良种的标准是什么？怎样选择种茭？

茭白属多年生草本植物，生产上主要用分株方法进行繁殖。种株的好坏直接影响茭白的结茭率、产量和品质。但由于茭白黑粉菌入侵时间、数量等因素常引起茭白种性退化，导致雄茭、灰茭的出现。除此之外，栽培管理水平、气候条件等差异因素的影响，亦易引起种性退化，导致产量降低，品质下降。因此，茭白每年应严格选择优良种株。

(1)茭白良种标准

生长整齐，成熟一致，节间短，孕茭率高，产量高，品质优，抗病性强；茭白嫩而油光洁白，长足后包裹的叶鞘一边稍有开裂，茭白眼呈乳白色，无灰茭，无雄茭，无病虫害。

(2)种茭选择方法

①品种的选择。种茭选择的第一步就是茭白品种的确定。选择适宜本地种植及商品性好的茭白品种。

②种株的选择。茭白种苗每年要严格精选，单季茭选3～4次，双季茭选4～5次。品种选定后，在茭白整个生长期间进行株选。第一次株选在茭白孕茭期，及时剔除雄茭、灰茭、壳里青和畸形茭等植株，选用成熟一致性好、节紧缩、叶鞘稍有开裂、茭白眼呈乳白色、孕茭率高、结茭多的茭株留种，并做好标记。第二次株选在夏茭采收时初选（单季茭无该步

骤)。第三次株选在茭白采收期进行(双季茭在秋茭采收期进行),从第二次株选结果中选择茭白光亮洁白、肉质细嫩、品质优、产量高、母株丛中无病虫害、无灰茭和雄茭的植株作种株;选定后要做好标记,以便剪秆扦插或分墩繁殖。第四次株选,结合冬季茭白田间管理及时掘出雄茭株、杂株、灰茭株和不符合品种特性特征的茭墩。第五次株选在春季掘墩分苗时,根据苗情苗色再次淘汰生长不整齐的弱质苗,以保持品种本身的种性。

(3)留茬茭白应严格选择优良种株

在茭白采收期间,及时剔除雄茭、灰茭、壳里青和畸形茭等植株,缺丛的待开春后补植优良种株。至少应隔2～3年换茬1次。换茬时,在茭白采收结束后,将老茭墩彻底挖除,全田翻耕、整理,栽插优选种株,以保持茭白的优良种性。

种株选定后,于种株茭白采收后收割母茭秆即种茭,母茭秆的长度以30～35厘米为宜。割母茭秆时以泥面下3～5厘米并带有1～2根须根为准。

39. 目前茭白有哪些栽培方式?各有什么特点?

茭白有两种栽培类型,单季茭白与双季茭白。目前,各地根据茭白的生物学特性结合当地的气候条件、栽培设施,形成了多种栽培方式。

(1)单季茭露地栽培

露地栽培即没有覆盖设施的栽培方式。单季茭白露地栽培一般以10月下旬至11月下旬栽植为主,也可以在次年的

3 月下旬前栽植；早春 4 月份气温适宜时萌发，大约 7 月份孕茭，8～9 月份采收。单季茭个大，质地细嫩，味道鲜美，品质好。

(2)高山单季茭栽培

高山茭白即利用高海拔地区夏季冷凉的气候条件，使单季茭白较平原低海拔地区提早孕茭、提早采收的栽培方式。一般 10 月底之前种茭栽植，以小苗及地下茎越冬，翌年气温回升时萌发，约 6 月底孕茭，7 月底到 9 月份采收。高山茭白色泽嫩白光亮、味道鲜美、污染少、品质优，深受消费者喜爱；其采收期恰逢平原蔬菜淡季，产品销路好、价格高。

(3)单季茭“一茬二收”栽培

单季茭通常情况下一年仅采收一茬，但利用专门的栽培技术，一年可收获两茬。一般 9 月初左右寄苗，10 月底至 11 月中旬移栽，冬季湿润越冬，翌年 5 月底到 6 月中旬采收夏茭，9 月中旬到 10 月中旬采收秋茭。该种植方式茭白亩产量可达 3 000～3 500 千克，其中，春季约 2 000 千克，秋季 1 000～1 500 千克。

(4)双季茭露地栽培

双季茭栽培顾名思义一年内两次种植、两次收获的茭白种植方式。双季茭栽培必须是双季茭品种，如浙茭 2 号、金茭 2 号、浙茭 911、六月白、鄂茭 2 号等。夏茭于 11 月中旬前定植，以浅水越冬，或翌年 2 月底到 3 月上旬定植，5～6 月份收获；秋茭于 7 月上旬定植，10 月至 11 月上旬收获。

(5)双季茭大棚早熟栽培

双季茭大棚早熟栽培在茭白生产中运用较多，利用大棚的保温控温特点，早春茭白可早萌发，早孕茭，早采收，经济效益显著。一般1月中旬扣棚，温度适宜时茭白萌发，4月初孕茭，5月初到6月份采收；秋茭在9月底到10月底采收，11月上旬采收结束。

(6)冷水茭栽培

冷水茭指单季茭白品种夏季用冷水灌溉促使孕茭、膨大，收获期由原来的9～11月份提前至7～8月份的茭白种植方式。长江中下游地区，6～7月份是高温季节，气温高达30℃以上，茭白不能孕茭。但6月初利用水库库底冷水串灌茭田，使茭白在6～7月份的高温季节的茭田水温达到孕茭所要求的温度条件，因此，茭白可正常孕茭，7～8月份可采收。冷水茭白栽培受冷水资源局限，区域优势明显，在大、中型水库下游适度发展冷水茭白生产，其经济效益颇佳。

40. 如何进行单季茭栽培？

(1)茭田选择

选择土壤疏松肥沃，排灌方便的水田作为茭田。

(2)整地施基肥

老茭田一般在秋茭采收结束后及时翻耕，充分晒田。水稻田栽种一般在水稻收获后及时翻耕，筑好田埂，确保田间能灌水15～20厘米。定植前1周每亩施腐熟有机肥3 500千克，或三元复合肥50千克；深耕20～25厘米，耙平田面；灌水2～3厘米。茭田要达到田平、泥烂、肥足。

(3)合理密植

单季茭白一般以10月下旬至11月下旬栽植为主，但也可以在次年的3月中下旬前栽植。定植前先灌浅水，最好选在傍晚或阴天定植。一般实行宽窄行定植，宽行 80～90 厘米，窄行 40～50 厘米，株距 30 厘米，每穴两株（图 11）。

图 11　茭白定植

(4)田间管理

茭白田间管理重点是肥水的管理。

①追肥（图 12）。第一次追肥为活棵肥，于栽后 7～10 天撒施或喷施，每亩施尿素 10 千克左右。

图 12　农户给茭白施肥

第二次追肥为分蘖促棵肥，于第一次施肥后 15～20 天撒施或喷施，每亩施尿素 15 千克左右。

第三次为拔节壮秆肥，一般于 6 月下旬撒施或喷施，每亩施复合肥 15 千克左右。

第四次为孕茭肥，一般在 50％左右的植株扁秆时，根据孕茭情况巧施，每亩喷施复合肥 20 千克(孕茭肥不能过早施，否则会延迟孕茭)。

②水位管理。茭田水位应根据分蘖、生长及孕茭情况来进行调控。茭白秋冬栽植后需保持 5～6 厘米水位，保证茭苗安全越冬；春季移栽的活棵期浅水灌溉，保持 3～5 厘米水层，以利提高茭田温度，促早发。定植后 7 天左右灌深水(5～7 厘米)，促进活棵。活苗返青后灌浅水 2～3 厘米，适当烤田，促进分蘖，增加土壤供氧量。定苗后水位逐渐加深至 8～10 厘米，控制无效分蘖，促进孕茭。孕茭期灌深水至 15 厘米，但不能超过茭白眼的位置，促进茭白膨大，提高品质。采收盛期保持浅水 2～3 厘米，便于采收。采收后水层保持 2～3 厘米越冬。每次施肥前先放浅水，待施肥耘田和田水落干后再灌水。台风暴雨期水位不能超过茭白眼，以防水从茭白眼位置进入茭白植株体内，导致茭白品质下降或引起病害。

③耘田剥叶。茭白拔节期后，株间郁闭，通风透光性差，易诱发病害发生，要及时将茭株基部老、黄、病叶及无效分蘖剥去，改善株间通风透光条件，为茭白优质高产创造良好的生态环境。新茭种植成活后至封行前耘田 2～3 次，并剥黄叶 2～3 次，分别在 6 月中、下旬和 8 月中、下旬进行。

④去杂去劣。采收期发现雄茭、灰茭和只结 1～2 个茭的茭墩要彻底挖去。

(5)及时采收

单季茭一般在 9～10 月份进行采收。采收及时是保证茭白产量和质量的一个重要环节。如采收过早，茭白过嫩，产量低；采收过迟，茭肉发青，质地粗糙，纤维增多，品质变劣。

①采收标准。心叶短缩，3 片紧身叶的叶片、叶鞘交接处

明显束成腰状，假茎中部明显膨大，叶鞘一侧略有裂口，微露茭肉，露出部分不超过 1～1.5 厘米，即可采收。茭白大多分多次采收，一般隔 2～4 天采收 1 次，后期可隔 4～5 天采收 1 次。种性好的采收 2～4 次可以结束。采收次数越少，产量越集中，种性越好。

②采收方法。采收时，选已露茭白眼的茭苗齐茎基部将薹管割断；注意切割位置要高于水面 2～3 厘米，以防水进入薹管引起腐烂。每收 10 个左右茭白时将茭白边同茭叶对齐捆扎在一起，放于田头；如条件具备，最好将茭白置于清水池保鲜，待所有茭白采收完成后，用刀齐茭白眼割去叶片，切去残留薹管和残须，保留茭白长 40～50 厘米(图 13)。

图 13 茭白采收

41. 高山茭白栽培应掌握哪些技术要点?

高海拔地区所产茭白色泽嫩白光亮、味道鲜美、污染少、品质优，深受消费者喜爱。高山茭白一般采收期在 7～8 月份，恰逢蔬菜淡季，产品销路好、价格高。近年长江中下游地区随着栽培技术的提高完善，高山茭白的产量与效益不断增加，每亩产量 2 000～2 500 千克，产值 6 000～7 000 元，农民种植的积极性非常高，成为气候水利条件适宜的高山地区农业的主导产业。

(1)品种及种株选择

高山茭白均为单季茭白，双季茭白在高海拔地区由于积温不够，也只能生产一季茭。品种应选产量高、品质优、抗病性强、成熟期适中的良种，如美人茭、象牙茭、浙大茭白等。

在选定品种的基础上，种株要选择生长整齐、节间短、结茭多、孕茭率高、茭白嫩而油光洁白、成熟一致、长足后包裹的叶鞘一边稍有开裂、茭白眼呈乳白色、无灰茭、无病虫害、四周无雄茭的优良单株。

(2)寄秧

新植茭区前茬作物如未收获，一般先寄秧，待翌年2～4月份苗高20厘米时再移栽定植。寄秧平栽或斜栽均可，斜栽角度以45°为宜。每亩寄秧田栽前3天各施用10千克过磷酸钙和碳酸氢铵。寄秧密度，平栽20厘米×30厘米，斜栽20厘米×20厘米。栽后保持畦面湿润，以能陷脚为宜。寄后保持畦面无水，水沟有水，等芽抽出泥面、新叶萌发后再灌水护苗。

(3)定植

如田块无其他作物种植，一般不需寄身，直接于9月中旬至11月上旬定植。定植前亩施过磷酸钙和碳酸氢铵各50千克，翻耕整地后及时栽种。定植田实行宽窄行栽培，宽行80～90厘米，窄行40～50厘米，株距30厘米。

(4)田间管理

田间管理重点为肥水的管理。

①间苗补苗。随着气温升高，茭白生长分蘖速度加快。

当苗高 20 厘米时，特别是老茭田，要及时做好间苗补苗工作。疏苗要掌握去密留稀、去弱留壮、去内留外的原则，并补栽去劣后的空墩，确保全苗。第一次间苗，每丛留 5～6 株；之后再间苗 2～3 次，最终每亩留有效苗 1.8 万～2 万株。

②科学施肥。茭白从定植到立春前气温较低，生长缓慢，需肥量少，在扦插或分墩苗成活后，每亩施尿素 3～5 千克即可。立春后至 4 月上、中旬，当苗高 20 厘米时，茭白生长明显加速，结合疏苗补苗，应重施提苗肥（同新植区移栽茭白的基肥），每亩施腐熟有机肥 1 000～1 500 千克，加复合肥 50 千克或碳酸氢铵 50 千克、过磷酸钙 50 千克、氯化钾 20 千克。在提苗肥施入后 2 周左右施分蘖肥，每亩施复合肥 35 千克。孕茭肥在 5 月下旬适时、适量施用；过早施，尚未孕茭易引起徒长，推迟结茭；过迟施，不能满足茭白对肥料的需求而影响产量；应在茭白有 50%分蘖苗、假茎变扁时施肥。同时，视苗势掌握施肥量，长势强旺少施，弱则多施，一般亩施尿素 25 千克、氯化钾 15 千克。

除施用常规肥料外，茭白生产上要重视微肥、叶面肥的施用。茭白生长期长，需肥量大，施用微肥、叶面肥对茭白生长发育和提高产量效果明显。施基肥或提苗肥时，亩加施硼肥 1.5 千克。在分蘖、孕茭期可结合病虫害防治，喷施稀土微肥、叶面宝、氨基酸肥、茭白施必丰等叶面肥，并注意交替使用，促进茭白增产、增收。

③水浆管理。茭白水层管理掌握浅水移栽、深水活棵、浅水促蘖、深水孕茭、湿润越冬的原则。栽植时水位 2～3 厘米；栽后 4～5 天加深水层，以利成活；活棵返青后，水位降至 2～3 厘米，促分蘖；当全田分蘖苗足够后，加深水层控制无效分

蘖，促进孕茭；孕茭膨大期加深水层至15厘米以上，但不能超过茭白眼的位置，有条件的茭田，可用山坑冷水串灌，促进茭白肉茎膨大，提高产量和品质。

(5)病虫害防治

茭白病虫害主要有3病2虫，即锈病、叶枯病、纹枯病、二化螟、长绿飞虱。防治以物理防治与农业防治为主。病虫害发生后主要以化学防治为主。一旦发生病虫害，其防治措施可参考本书相关内容。

(6)适时采收

茭白是陆续上市的蔬菜，要求做到适时采收，确保优质高产。过早采收，茭肉尚未充分膨大，影响产量；过迟采收，茭肉粗纤维增多，品质变差，外表也易发青，商品性差；应掌握在孕茭部位明显膨大，叶鞘一侧略张开，露出茭肉1厘米左右时采收。其采收方法可参考本书“40.如何进行单季茭栽培”中相关内容。

42. 什么是单季茭“一茬二收”栽培？如何进行单季茭“一茬二收”栽培？

单季茭“一茬二收”栽培指利用单季茭品种实现一次种植两次收获的种植模式。长江中下游地区，该种植模式一般于9月初进行寄秧，10月底至11月中旬移栽，冬季湿润越冬，翌年5月底到6月中旬采收夏茭，9月中下旬到10月底采收秋茭，亩产量3 000～3 500千克，其中，春季约2 000千克，秋季1 000～1 500千克。该技术在浙江省丽水市缙云县运用较为成熟。

(1)第一茬栽培技术要点

①品种与茭苗选择。主栽品种有单季茭白“金茭1号”、“美人茭”、“北京茭”等。选择孕茭过的母茭秆，于茭白收割后马上收割母茭秆，母茭秆的长度以30～35厘米为宜。割母茭秆时，以泥面下3～5厘米并带有1～2个须根为准，以便栽后提高茭苗成活率。如到外地选单季茭种茭，要提前准备好寄苗田，因在8月底9月初本地单季茭的二茬茭未收完，本地双季茭正处于孕茭时期，不能将茭苗直接种到大田，必须寄秧。

②寄秧。寄秧有平栽与斜栽两种方式。种苗紧张的产地，以平栽为宜；种苗充裕的产地，建议斜栽，斜栽角度以45°为宜。每亩寄秧田栽前3天各施用10千克过磷酸钙和碳酸氢铵。寄秧密度，平栽20厘米×30厘米，斜栽20厘米×20厘米。栽后保持畦面湿润，以能陷脚为宜；寄后保持畦面无水，水沟有水，等芽抽出泥面、新叶萌发后再灌水护苗。

③移栽。亩施过磷酸钙和碳酸氢铵各50千克作基肥，翻耕整地后及时栽种。10月底至11月中旬移栽，宽窄行栽培，宽行80～90厘米，窄行40～50厘米，株距30厘米，每亩种2 400～3 000墩。3～4月份间苗，一般间苗3～4次；前期间苗是留好基本苗，后期是间掉分蘖苗，每墩留壮蘖5～7个。

④茭田管理。田间管理重点为肥水的管理。

其一，施肥。茭白施肥总量，碳氨50千克、过磷酸钙25千克、三元复合肥50千克、尿素40～50千克。在移栽前亩用碳氨50千克、过磷酸钙25千克，作为基肥；在移栽后20天左右，亩施尿素50千克促早发；在3～4月份一般每7～10天施1次复合肥，前期量略少，中后期略多，用量前期5～7千克，后期10～15千克，在4月底施肥基本结束。施肥方式可沿茭白行撒施或喷施。

茭白微肥主要是结合病防治进行喷施。微肥种类主要有802、稀土微肥、氨基酸、叶面宝、喷施灵、茭白施必丰等。施用时间3月底至5月中旬，一般每7～10天施1次。施用量：802，初次每喷雾器1包，以后每喷雾器依次为2包、3包、2包，最后以1包结束；稀土微肥，每亩次400毫升；氨基酸，每亩次200毫升；叶面宝，每亩次40克；喷施灵，每亩次40毫升；茭白施必丰，每亩次30克。以上种类可交替使用。

其二，水浆管理。前期3～5厘米浅水促早发。在苗数发足时，茭苗高约1米，做好搁田；在5月初水利条件许可的田块，搁到田不陷脚，有裂缝，以提高土壤通气性、抗病能力；后期有条件田块水浆可边进边出。在孕茭期，灌约20厘米深水，以不过茭白眼为宜，以提高茭白品质，为确保二茬茭苗数打基础。在茭白上市收割期以浅水为宜。

其三，控苗。为控制茭白徒长，防止倒伏，可用苄黄隆1包/亩(10克/亩)，既可防止茭白徒长，又可起到除草作用。施用苄黄隆方法有两种：一是喷雾；二是拌少量尿素撒施。如果喷雾，用药时间在4月25日左右；喷雾要先放干田水，喷后次日复水；喷施尽量避免喷到茭苗。因撒施的效果比喷雾晚，因此，如拌尿素撒施，用药时间在4月15日前后。

其四，病虫害防治。茭白病害主要有锈病、胡麻斑病、纹枯病等。虫害有二化螟、大螟、长绿飞虱、叶蝉等。防治措施可参考本书相关内容。

⑤收获。在茭白露白时、叶鞘一侧略张开、露出茭肉1厘米时收获。长江中下游地区一般在6月上中旬开始收获，7月初收获完毕。

(2)第二茬管理要点

①清理茭田。第一茬茭白收获完毕后,立即进行病杂株和茭白禾的清理工作。将病株清到田边集中烧毁,将杂株挖掉并进行补植,其余茭白禾全部割除,茭桩保持约 10 厘米,并将割下的茭白禾陷入宽行泥中腐烂作肥料。操作时以浅水为宜。

②施肥。待病杂株、茭白禾清理完毕后,马上进行施肥。肥料可用茭白专用肥 75 千克左右,或碳氨 50 千克、过磷酸钙 25 千克撒施。施用时要有 2～3 厘米浅水。待茭苗生长整齐,高约 60 厘米时即 7 月上中旬,每亩撒施复合肥或尿素 25～30 千克。9 月初孕茭前后每亩施用复合肥 10 千克。苗期至孕茭,交替喷施太得肥或广增素、802 等 2～3 次。

③间苗。第二茬茭一般情况下出苗不会很多,如苗量过多的要适时进行间苗,去掉无效苗,一般每丛保持 5～8 株,因二茬茭白植株不是太高,肥水条件好的田可比一茬适当增加有效苗。

④病虫害防治。病虫害主要有锈病、飞虱等,可参考本书相关内容进行防治。

⑤适时采收。一般在 9 月上旬要做好二茬茭的采收工作,过晚气温下降会影响到下一年度茭白种苗的移栽,故一般情况下 10 月中旬采收结束。采收方法可参考本书“40.如何进行单季茭栽培”中的相关内容。

43.什么是冷水茭?如何栽培冷水茭?

冷水茭指单季茭白夏季用冷水灌溉促使孕茭、膨大并使收获期由原来的9～10月份提前至7～8月份的种植方式。7～8月份是高温季节，气温高达30℃以上，茭白不能孕茭，利用水库库底冷水灌溉茭白，能创造一个温度为15～25℃的适宜茭白生长的田间小气候，满足茭白膨大和肉质茎生长的温度要求。据测定，水库深水夏季水温不超过11℃，冬季不低于8℃。冷水灌溉茭白，田间水面温度平均在25℃以内，达到孕茭的适宜温度。

冷水茭白栽培受冷水资源局限，区域优势明显。因此，在大、中型水库下游，适度发展冷水茭白生产颇具经济效益。

(1)水库选择

水库每年6～8月份有充足的不间断的冷水供茭田串灌；供串灌的冷水温度，在串灌后不高于23℃；库容最好2 000万米^{3}以上，越大越好；库容大后，就能在茭田串灌冷水时，水量和放水时间得到保障；坝高最好在40米以上，越高越好，因坝越高，库中水位越深，加上库容又大，从而使积存在库底的水温受气温和气候影响少。

(2)品种与种株选择

宜选用分蘖力强的单季茭品种。选择株型整齐、孕茭率高、结茭早、茭肉肥大、肉白质嫩、薹管短、分蘖密集、成熟一致的茭墩留作母株，并做好留种标记。

(3)寄秧

集中育苗，于11月份前将做好标记的茭墩挖出，并用快刀将母株分开，以单管为一寄秆单位，密度以20～30厘米为宜，采用小拱棚薄膜覆盖。壮苗要求苗高20～30厘米，茎基宽≥0.4厘米，单株分蘖数4～5个。

(4)栽植与分蘖

4 月上旬移栽，株行距 0.3 米×1 米。露地自然留种苗由于分蘖少，密度可以提高到（0.1～0.2）米×1 米；提高单位面积苗数，有利于提高茭白前期产量，增加经济效益。为确保高产，分蘖后期每亩分蘖数要求达到 25 000 株以上。

(5)适时灌水

冷水灌溉时间的早迟与茭白上市时间密切相关，一般在形成足够的有效分蘖前要浅灌水，以促进生长和分蘖。冷水只用于孕茭期灌溉。在正常气候条件下，为使茭白能在 7 月下旬至 8 月份上市，宜在 6 月底分蘖后期灌溉冷水。灌溉过迟，上市时间推迟，无效无蘖增加，影响经济效益。

灌溉冷水之前先搁田 1 周，使茭株完成营养分配，促进根系生长，提高抗病能力。一般利用冷水串流的方法，即连续串灌跑马水或有规律地间歇灌水。一般在白天灌溉；如水源充足，最好昼夜串灌库底冷水。田水深度以保持 15～20 厘米为好，既可抑制茭墩分蘖，又利于黑粉菌的寄生，提早孕茭。

(6)采收

冷水茭一般采收时间为 7 月初至 8 月中旬。

①采收标准。茭肉部位明显膨大，叶鞘由抱合而分开，顶三叶叶枕基本齐平，三片外叶长齐，心叶短缩，隐见茭白嫩茎。

②采收方法。在茭白露白时，逐行逐株选择叶鞘一侧略张开、露出茭肉 1 厘米的茭白采收。盛产期每隔 1～2 天全田采收。留薹管 2 厘米，用锋利的刀具割断。

44. 如何进行双季茭栽培?

(1)生产季节

双季茭夏茭于11月中旬前定植,以浅水越冬,或翌年3月上中旬定植,5～6月份收获;秋茭于7月上旬定植,10～11月份收获。

(2)品种选择

选择适宜当地种植的双季茭品种。目前双季茭品种有浙茭2号、浙茭911、金茭2号、鄂茭2号、六月白等。

(3)整地种植

于定植前10～15天深翻土地,每亩施腐熟有机肥4 000千克或含氮、磷、钾各15%的三元复合肥50千克,作为基肥,并平整土地,放2～3厘米浅水。实行宽窄行定植,宽行80～90厘米,窄行40～50厘米,株距30厘米,每亩种2 400～3 000墩。

(4)田间管理

田间管理重点为肥水管理。

①水浆管理。茭白于上年栽植越冬时,田间应保持一定水位,以防茭墩受冻;于次年开春后,保持1～3厘米较浅水位,以利于提高水温,促进萌芽。于今年3月上中旬栽植的茭白,水位应保持2～3厘米,栽后4～5天加深水层至7～8厘米,以利茭苗成活。活棵返青后,水位降至2～3厘米,促进分蘖。当全田分蘖苗足够后,加深水层控制无效分蘖,促进孕茭。孕茭膨大期加深水层至15厘米以上,但不能超过茭白眼的位置。孕茭前期,适当放浅水位以免"爬管"。

②疏苗保质。茭白具有较强的分蘖特性，如任其分蘖生长，全墩可抽发 60 多株。虽然茭白有自我疏株特性，但若任其自然生长，不进行人为调控，所孕茭白个体小、产量低、商品性差、植株病虫害重、效益低。经疏苗处理后，所留植株生长粗壮，整齐性好，所孕茭荚粗壮，孕茭率高（近 100%）。

茭白在平均株行距 35 厘米×90 厘米情况下，适宜的种植密度为每亩有效分蘖数 30 000 万～33 000 万株，在每墩留疏密均匀的粗壮苗 14～16 根定株。疏苗一般在苗高 20～30 厘米时开始，分次（2～3 次）疏去弱苗、病苗及过密处的苗，个别过密的壮苗可在茭墩根际压泥，最后留壮苗定株。

③追肥。茭白追肥技术直接关系到茭白品质、产量和效益，而且茭白生长期长，分蘖多，需肥量大，一次种植多次采收，必须在施足基肥的基础上早施分蘖肥、重施孕茭肥。追肥共 4～5 次，掌握"促—控—促"的原则。出苗 7～10 天后即施提苗肥，每亩施尿素 7.5 千克，以促进苗生长；15 天后，施尿素 10～15 千克，后停止施肥，以免生长过旺；当群体中有 30%左右茭墩有茎蘖开始孕茭膨大时，每亩施含氮、磷、钾各 15%的三元复合肥 15～20 千克，作为孕茭肥。夏季采收结束后，及时施用恢复肥，促进分蘖生长。

④茭田打叶。茭白定植成活后，每 10 天左右耥田 1 次，拔除田间杂草，至封行为止。茭白分蘖后期，田间开始出现枯黄老叶和幼小无效分蘖。此时应从叶鞘基部打去枯黄叶，除去无效分蘖，使田间通风透光，减少病虫害的发生。剥去黄叶和无效分蘖随即踏入田中作肥料。该过程可进行 2～3 次。

⑤病虫防治。坚持"预防为主，综合防治"的植保方针，坚持"农业防治、物理防治、生物防治为主，化学防治为辅"的无

害化控制原则，达到安全、优质无公害茭白生产的目标。

农业防治，主要抓好茭白封行后及时清除黄叶、病叶；茭白采收后及时清理田间枯叶残株和杂草；2～3 月份，茭田灌深水 20 厘米，保持 5 天以上，杀死越冬虫源。

物理防治，主要是通过田间安置频振式诱虫灯，诱杀二化螟、大螟等害虫。

化学防治，可参考本书相关内容。

(5)采收

双季茭夏茭 5～6 月份收获，秋茭 10～11 月份收获。茭壳一侧开裂露白后，茭白即成熟，可采收。每隔 2～3 天采收 1 次茭白，以免老化而降低商品性。

45.如何进行双季茭大棚早熟栽培?

(1)清理茭田

于 11 月中下旬当地上植株枯死后，割去地上部分残株枯叶和杂草，移出田外，集中烧毁，清洁田园，以减少虫害和病菌的越冬基数。杂草较多的田块，可通过人工耘田方式除去杂草，或在搭棚覆膜前 7～10 天放干田中积水，每亩用 10%草甘膦水剂 0.5 千克兑水 40 千克喷雾。耘田不但能清除杂草，还能松土通气，加速肥料分解，并切断植株老根，促进新根发生。结合耘田，整平田面，每亩施腐熟有机肥 4 000 千克或 45%三元复合肥 50 千克。

(2)大棚搭建

大棚分单栋和连栋大棚。一个单元的单栋大棚，宽 8 米，高 2.0～2.5 米。连栋一般以 3 连栋为多。建筑材料为毛竹、毛竹片、小竹竿，也有涂锌钢管建造而成的，具有良好的保温性，操作也方便，还可通过中棚、小棚进行多层覆盖，以提高早熟的效果。

(3)品种选择

大棚早熟栽培主要指在不适宜茭白生长的冬春季较寒冷的气候条件下，通过塑料大棚控温技术使茭白能正常用生长、正常孕茭，以达到提早采收的目的。因此，茭白双季茭大棚早熟栽培品种应选择能在低温下孕茭良好的低温型孕茭双季茭品种。其具体标准为：早熟，个体大，粗壮，鲜嫩，产量高，抗性强。生产上可选用黄茭 1 号、浙茭 2 号、浙茭 3 号等作为双季茭早熟品种，并以山地冷凉处培育的茭白苗为宜。

(4)整地定植

要求田平、泥烂，田埂不漏水并加固加高至 25～30 厘米。宜在 2 月上中旬移栽定植，一般株行距（30～35）厘米×（90～100）厘米，每亩栽 2 000～2 500 丛。

(5)疏苗保质

茭白具有较强的分蘖特性，如任其分蘖生长，全墩可抽发 60 多株。茭白虽然有自我疏株特性，但若任其自然生长，所孕茭白产品个体小、产量低、商品性差、植株病虫害重、效益低。经疏苗处理后，所留植株生长粗壮、整齐性好、所孕茭荚粗壮、孕茭率高（近 100%）。

茭白适宜的种植密度为每亩留有效分蘖数 30 000 万～33 000 万株，即在平均株行距 35 厘米×90 厘米情况下，每墩留疏密均匀的粗壮苗 14～16 根定株。疏苗一般在苗高 20～30 厘米时开始，分次（2～3 次）疏去弱苗、病苗及过密处的苗，个别过密的壮苗可在茭墩根际压泥，最后留壮苗定株。

(6)田间管理

①温湿度调控。棚内温度低于15℃以保温为主，9:00后两头通风降湿，15:00～16:00盖膜；超过20℃时要增加或扩大通风口和延长通风时间。2月中旬后气温开始回升，除晴日白天进一步加大通风力度外，晚上仍要密封保温；棚内温度超过30℃时应揭边膜和两头通风换气。清明前后日均气温稳定在15℃以上时，可全部揭除棚膜。

②水层管理。茭白田的水位要根据茭白生长发育特性灵活掌握。萌芽前灌浅水3厘米，以提高土温，促进萌发。分蘖前水位5～8厘米，促进分蘖和发根。分蘖后期加深至10～14厘米，以控制无效分蘖。高温时宜保持水深13～17厘米，并做到经常换水降温。孕茭期至采收前6～7天，根据主茎茭白生长情况灌好养胎水，开始保持水深16.5厘米左右，以后逐渐加深到23～27厘米，使整个茭白浸入水中，但以不超过茭白眼为度。雨季注意排水，最高水位不得超过茭白眼，防止薹管伸长。在每次追肥前后几天需放干或保持浅水，待肥吸收入土后再恢复到原来水位。

③培土护茭。常规茭白栽培采用深水护茭技术，即在茭白孕茭期灌深水以阻隔阳光对茭荚的直射来提高茭白品质和产量。培土护茭技术，即用植株行株间泥土堆盖孕茭植株的基部(膨大部)，因泥土的阻光性要明显好于水质，而且缓和了茭白基部(膨大部)的温度变化，使茭白肉质细嫩，不易老化，能明显提高茭白的品质和商品性。

培土护茭的具体做法：当茭白开始孕茭，即植株茎部发扁，同水面交界处开始膨大时即进行培土。培土要分株分次进行，每墩看到1株孕茭培1株，并随着茭白的不断膨大伸长，不断培土。每次培土以稍高于植株基部膨大部位为宜，不能过高，更不能超过茭白眼。

④适时追肥。茭白生长期长，分蘖多，需肥量大，一次种植多次采收，必须在施足基肥的基础上早施分蘖肥、重施孕茭肥，追肥共 4～5 次，掌握“促—控—促”的原则。出苗 7～10 天后即施提苗肥，每亩施尿素 7.5 千克，以促进苗生长；15 天后每亩施尿素 10～15 千克，后停止施肥，以免生长过旺；当群体中有 30%茭墩有茎蘖开始孕茭膨大时，每亩施 45%三元复合肥 15～20 千克。

⑤病虫害防治。病害有锈病、胡麻斑病和纹枯病。主要虫害是大螟、二化螟。防治方法可参考本书相关内容。

(7)适时采收

春季茭白，一般年份 4 月初茭白显著肥大、叶鞘裂开、茭白露白 1 厘米，开始初采。以后分次分批采，早期宜隔 2～3 天采收 1 次，5 月中旬结束。采摘时自结茭下部节间处折断，注意不损伤邻近未成熟的幼茭和根株，以免影响当年和翌年生产。

采收标准：茭白株顶 3 叶齐平、心叶短缩、肉茎部膨大呈塔形、左右两外叶枕收缩到相平时即可采收。茭白最好鲜收鲜销，若外运，可带壳放置阴凉处或浸入水中，以延长保存期。

46. 双季茭大棚早熟栽培中为什么会发生“异常茭”？如何预防？

双季茭大棚早熟栽培在整个茭白产业中占有非常重要的地位，成为实现茭白早栽植、早萌发、早收获的重要措施。但如遇暖冬天气的年份，就容易出现“异常茭”。“异常茭”表现为又细又短，商品性差，严重影响茭白的产量和产值。

(1)“异常茭”的形成原因

①暖冬天气。双季茭孕茭的适宜温度为20℃左右。如遇暖冬天气，特别是2月份气温偏高，已达一定叶龄（4叶1心）的植株在棚内适宜的环境温度下易孕茭。棚内达到孕茭适宜温度的天数和叶数越多，形成的“异常茭”就越多。据统计，保温性能较好的大棚茭白，其“异常茭”比例达22.5%，而小棚茭白只有7.5%。说明温度是影响孕茭迟早的主要因素。

②冬春季长时间闷棚易形成“异常茭”。茭白是水生蔬菜，人们往往认为冬春季多闭棚保温，有利茭白生长，特别是遇到连续阴雨天气，因气温低，容易忽视通风，结果造成茭白苗因通风炼苗不足，植株生长细弱，叶色变淡，成为徒长苗。如遇到适宜的温度，徒长苗就易孕茭，形成“异常茭”。

③茭白苗受冻、受灼、肥害或脱肥后易形成“异常茭”。棚栽茭白盖膜时间早（一般在12月下旬），生长前期处于全年最冷季节，冷空气频繁，茭白苗易受冻，受冻后叶尖褪绿，叶色转淡，茎色转黄，生长明显受挫。据统计，大棚受冻苗的“异常茭”形成率达50%～60%，而正常植株的“异常茭”形成率只有15%。

除此之外，苗期因高温闷沤受灼后及施肥不当、脱肥或肥害的植株，因生长受挫，或根系不展，或叶面变狭，均易形成“异常茭”。

④越冬茭墩地上部留茬过高。地上部高节位萌芽抽发的

苗,因其根系细弱,入土浅,肥水吸收能力弱,多属弱势苗,同低节位萌发的强势苗相比,易形成"异常茭"。同时,遭螟虫侵蛀过的茭墩,较易成"异常茭"。茭墩遭螟虫侵蛀的老茭墩萌芽抽发的植株前期不具有独立的根系,一般只有 4 叶龄以上的植株才能发根形成独立根系,其抽发的茭苗一般不齐整,而且茭株细弱,易形成"异常茭"。

⑤割株盖膜过早。如在冬季地上部植株未完全枯黄的情况下,就割株盖膜(因地上部养分尚未完全输送到地下茎储存),易使翌年茭苗生长前期养分供应不足,再加上盖膜早,前期气温还较高,植株生长较快,易成嫩弱苗。据统计,凡于 12 月上旬割株盖膜的大棚茭白,翌年其"异常茭"形成比例均达 50%以上。

(2)防治措施

①加强对秋茭害虫防治。茭白害虫主要有大螟、二化螟、水蝇,其中螟虫危害最重。从 11 月中上旬种茭定植至翌年 9 月是害虫危害的主要时期,防治必须从苗期开始,连续防治,以确保茭墩不受侵蛀。

②适时齐泥割除地上部。双季茭白冬季盖膜前割株,必须等植株地上部完全枯黄后进行。割株时要齐泥割除,不要留高于地表的薹管,避免弱势苗的抽发,同时也有利于越冬害虫清除。

③加强棚膜揭盖管理,培育壮苗。在做好防冻的前提下,天气温和时要揭棚头膜通风,碰到连续阴雨天气时更要注意加强通风炼苗。例如,天气晴好,当棚内温度超过 28℃时,应及时揭边膜和棚头膜通风换气,以避免茭苗徒长

及高温灼苗。

④科学施肥、疏苗。茭白要多施基肥，多施有机肥，追肥要氮、磷、钾配施，不可偏施氮肥。追肥后应耘田松土，促使肥料及时吸收利用。每次追肥不可过多或过于集中，以防肥害的发生。当苗高 20～30 厘米时，应及时疏苗，分次拔去细弱苗、病苗、过密的苗及“特征苗”(指叶片间距大，茎部自下向上急速变细，且左右 2 片外叶叶枕明显收缩的苗)，最后每墩留稀密均匀的粗壮苗定株。

⑤适时留种与轮作。根据本地多年的种植经验，在茭白采收中期（4 月中旬至 5 月初）选取留种较好的种苗定植后，翌年夏茭上市期较早，“异常茭”少，产量高，品质也较好。另外，茭白应实行轮作栽培，以确保产量和品质。

47. 什么是雄茭？如何预防？

(1)雄茭的含义及发生原因

茭白孕茭，是由于在适宜的温度环境条件下茭白植株被黑粉菌寄生后，黑粉菌分泌引哚乙酸，刺激花茎组织膨大成为肥嫩的肉质茎。少数茭白植株抗病力特别强，黑粉菌的菌丝不能侵入植株体内，茭白的茎也就不会膨大，致使夏秋花茎伸长抽薹开花甚至结实，这就是雄茭。

雄茭无论在苗期还是成株期，其较正常株高大，生长势强，叶片较宽，先端下垂，假茎圆，不膨大，花茎中空，薹管较高。根据雄茭的形态特征，很容易识别，宜及时连根拔除，不可留根株于土中。

(2)防治雄茭的措施

①严格选种。雄茭每年都会在正常的茭白田内自然产生,故茭白必须年年选种。茭白是在寄生菌黑粉菌的刺激下才膨大形成茭白,若无黑粉菌,茭白则不孕茭,出现雄茭。因此,选种时必须选择已结茭的茭白作种茭,使黑粉病菌代代相传。

②及时拔除雄茭。在田间管理时,对雄茭的茭墩做上标记(插竹竿、系绳等)并及时拔除雄茭。由于雄茭生长势强,地上部分植株高大,占了空间;地下部分的匍匐茎长达1米以上时,窜入邻近茭墩,不仅影响周围茭白的生长,还有可能当做正常茭白的分蘖栽植到下一年大田中去。因此,要及时拔除雄茭。

③合理轮作。茭白忌连作,一般以3～5年轮作为宜。这也是控制雄茭产生的一个重要手段。

④茭白引种必须与选留种技术配套。由于茭白肉质茎是茭白与黑粉菌共同作用的结果,其种性较一般无性繁殖作物更易出现变异。因此,茭白引种时必须掌握好选留种技术才能成功。应针对不同类型的品种(单季茭、双季茭夏茭留种、双季茭秋茭留种等)掌握相应的选留种技术。

48. 什么是灰茭? 如何预防?

(1)灰茭的含义及防治措施

灰茭是指部分植株过熟后或菌丝体生长迅速,致使茭白内部已充满黑褐色的厚垣孢子,不能食用。灰茭生长势较正常茭略强，叶片较宽，叶色深绿，叶鞘发黄，始终不会裂开。在双季茭中，有部分的灰茭植株能结正常结夏茭，部分不能，但夏茭不形成灰茭，秋茭全墩分蘖的茭肉都会产生厚垣孢子而形成灰茭。

(2)防治灰茭的措施

①严格选种。与雄茭一样，灰茭每年也都会在正常的茭白田内自然产生。茭白必须年年选种，降低灰茭的出现。

②及时拔除灰茭。发现灰茭时及时做上标记(插竹竿、系绳等)并拔除。单季茭白在茭白采收时严格筛选种茭，并及时去除灰茭。双季茭白夏茭无灰茭出现，需在秋茭采收时严格筛选种茭并及时去除灰茭。

49.茭白栽培上如何进行平衡施肥？

根据茭白自身的生长发育规律，在施足基肥的基础上，坚持“促—控—促”的施肥原则，平衡施肥，避免偏施氮肥。基肥应结合翻地整地施入，亩施腐熟厩肥或人粪尿 3 000 千克，优质复合肥 20～25 千克。一般全期追肥 4～5 次。第一次在苗高 10～20 厘米时，亩施复合肥 20～25 千克；隔 15 天左右进行第二次追肥，亩施高钾中氮复合肥 20～25 千克，加尿素 4～5 千克；以后视植株长势，每隔 10 天左右再施 1～2 次，每次用高钾中氮复合肥 20 千克。孕茭前 1 周左右停施。待 30%左右植株孕茭后，亩追施碳酸氢铵 25～30 千克、过磷酸钙 10 千克，可促使茭白粗壮，明显提高产量。注意碳酸氢铵应施在行中间，不要施在茭墩上，防止肥害。目前茭白缺镁现象比较普遍，可用1%～2%硫酸镁每隔5～7天喷1次，连喷2～3次。

50. 茭白栽培上为什么要拆叶？拆叶有什么作用？

茭白拔节期后，株间郁闭，通风透光差，易诱发病害发生，要及时将茭株基部老、黄、病叶及无效分蘖剥去，为茭白优质高产创造良好的生态环境。

在茭白日常栽培管理中，茭农通常把发黄叶片及叶鞘包得不紧的老黄叶拆除，可促进茭白分蘖，提高茭白品质与产量。另外，茭白老黄叶拆除，可以改善田间通风透光条件，减少病虫害的发生，也是人工防治病虫害的技术措施。新茭种植成活后至封行前，剥拆老叶、黄叶2～3次，分别在8月中下旬和6月中下旬进行。

51. 茭白栽培上如何防治锈病？

(1)茭白锈病症状

茭白锈病由茭白单胞锈菌侵染所致，主要为害叶片。开始在叶片及叶鞘上散生黄色或铁锈色小疱斑，随病害加重，疱状斑逐渐增多，后疱斑破裂，散出锈色粉状物，严重时叶片布满黄褐色疱斑，使病叶早枯，造成肉质茎瘦小。

(2)发生规律

锈病的发生与温湿度、品种、施肥及种植密度有密切关系。高湿、多湿、偏施氮肥有利发病，梅雨期长的年份病害严重，生长茂密、通透性差的田块发病重。因此，从7月下旬至

8月上旬,应将植株外围的枯叶、黄叶、老叶剥去;剥叶后,还应灌深水降温,适当增施一些钾肥,以提高抗病性。

(3)防治措施

生产上茭白病虫害应综合防治,农业防治、生物防治与化学防治相结合。农业防治主要有选择抗病品种、合理密植、平衡施肥、科学灌溉等。生物防治主要包括推广生物药剂、保护和发挥天敌作用、进行茭白田养鱼养虾等技术防止病害发生。化学防治对于不同的病虫害采用不同的药剂,应做到对症下药。化学防治应在茭白发病初期(5月上中旬)用65%代森锌可湿性生粉剂600倍液、12.5%腈菌唑 EC 1 500倍液、12.5%禾果利 WP 1 600倍液或15%三唑酮 EC 1 500倍液喷雾,或喷洒20%粉霉威可湿性粉剂1 000倍液、15%三唑酮可湿性粉剂1 000倍液、40%多硫悬浮剂400倍液、70%代森锰锌可湿性粉剂1 000倍液加15%三唑酮可湿性粉剂2 000倍液、25%敌力脱乳油3 000倍液或25%敌力脱乳油4 000倍液加15%三唑酮可湿性粉剂2 000倍液,隔7天再喷药1次,连续2～3次,均有较好的防治效果。

52. 茭白栽培上如何防治胡麻叶斑病?

胡麻叶斑病发病时在叶片上产生较大的棱形斑点,引起叶片枯黄。在田间密闭通风透光不良条件下,该病易发。该病防治措施如下:

①冬季清园。结合冬前割茬,收集病残老叶烧毁,减少越冬菌源。

②健身栽培。适时适度晒田,换入清水,提高根系活力,

增强植株抗病能力；加强肥水管理，增施有机肥和合理施用氮肥，尤其注重早施钾肥；一般碳酸氢铵的施用量控制在 50～70 千克/亩，钾肥用量控制在 17.5 千克/亩，以提高抗病能力。

③人工剥叶。在茭白生长中期（7 月份），进行一次剥枯叶、拉黄叶，增加植株间的通风透光性，以抑制病害的发展。

④轮作换茬。发病重的田块结合茭种更新，轮作换茬。

⑤药剂防治。于发病初期开始交替轮流使用 25%使百克可湿性粉剂 2 000～3 000 倍液和 50%多菌灵可湿性粉剂 750 倍液进行防治，每次药液用量为 100 千克/亩，均匀喷雾，每隔 10 天防治 1 次，连续防治 3～5 次。

还可喷洒 50%多菌灵可湿性粉剂 800～1 000 倍液；病严重时，每隔 5～7 天防治 1 次，连喷 2～3 次；但孕茭期不可用药。还可在发病初期喷洒 40%稻瘟净乳油 600 倍液，用药 2 次，中间间隔 5～7 天；这还可兼治茭白田的飞虱、叶蝉等害虫。

53. 如何防治茭白纹枯病和茭瘟病?

(1)茭白纹枯病

纹枯病多发生在偏施氮肥、长势茂密、灌水过深的茭白田，尤其在高温高湿条件下发病重。先在露出水面的鞘上产生椭圆形暗绿色水渍状病斑，之后病斑逐渐扩大成云纹状，中部灰白色，潮湿时淡灰绿色。病斑由下向上扩展，逐渐增多。其防治措施如下：

①实行合理轮作。对难以轮作的老茭田，加强田园清理

工作，增施石灰，降酸增钙等。目的是尽量减少田间有害病菌，控制纹枯病初侵染量和水平扩展速率。

②实行品种的合理搭配，改单一品种为多类型合理种植。

③保持一定的栽植密度，避免过度密植。一般而言，种植密度维持在每穴 0.71 米^{2}左右时，能较好地控制病害的发生和扩展。

④按不同的生育阶段加强水分管理，适时、适度晒田。这对降低茭白纹枯病的垂直扩展速率、减轻纹枯病的危害有积极作用。

⑤肥料管理上，施足基肥，及早追肥，增施磷、钾肥，避免过施和偏施氮肥，提高茭白抗性，减轻危害。

⑥纹枯病 6 月中下旬为发病盛期，7 月中下旬为发病高峰期。在发病初期，可喷施 50%退菌特可湿性粉剂 1 500 倍液；或 20%岗霉素水溶液，每亩 25～40 克，兑水 50 千克喷雾；或用 50%多菌灵可湿性粉剂 800 倍液喷雾防治。

(2)茭瘟病防治

除上述通用的农业防治、物理防治外，每亩用 30%瘟特灵 30 克/100 毫升或 4%春雷素 100 克对水 50 千克，喷雾。也可每亩选用 40%富士一号可湿性粉剂或油乳剂 75～100 克、30%稻瘟灵 100～150 克、20%的三环唑 75～100 克或 75%丰登(三环唤)60 克兑水 150 克，喷雾防治。

54. 如何预防二化螟?

茭白较易感染病虫害，并以二化螟为害最为严重。二化暝幼虫蛀食茭白植株的叶鞘、茎和肉，严重影响茭白的产量和品质(图 14)。

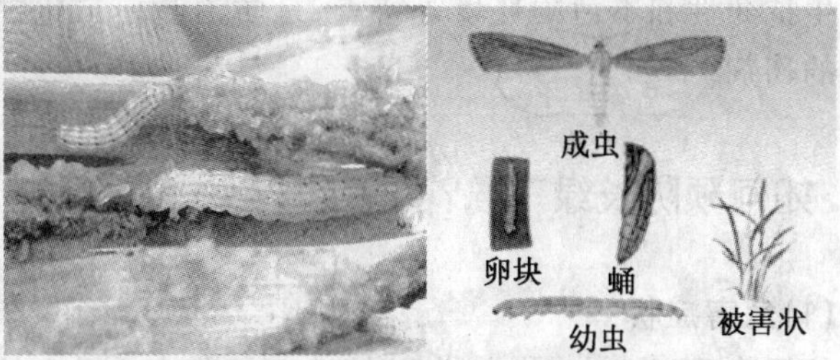

图 14　二化螟

茭白越冬期间,地上部分枯死,绝大多数二化螟以老熟幼虫在茭白残茬、薹管中越冬,极少数在叶鞘中越冬。因薹管为活体,越冬幼虫能继续取食,并在不同节间转移。二化螟在茭白的残茬中越冬,使茭白田中拥有较高的越冬虫量,是翌年的主要虫源。二化螟的主要防治措施如下:

①在茭白采完后,将茭白残茬齐泥割除,集中烧毁,减少残留活虫。

②选用无螟虫蛀孔的茭种,适当深栽,减少初发虫源。

③灌深水杀蛹。在螟虫即将化蛹时,排干田水,使幼虫化蛹部位降低,在化蛹高峰期灌深水,淹死部分蛹,降低虫口基数。

④在二化螟 4 月底至 5 月中下旬(茭白分蘖期及拔节期间)的发生盛期前后诱杀,效果最好。在孵化高峰期每亩用绿浪 1 000 倍液、5%锐劲特 SC 30 毫升或 46%特杀螟 WP 100 克,兑水 50～75 千克,喷雾。植物性杀虫剂绿浪对二化螟有较好的防效,与化学农药锐劲特的防效相仿。植物性杀虫剂

一般低毒、无残留，具有对天敌昆虫及有益生物安全，害虫不易产生抗药性和不污染环境等特点，是防治茭白二化螟较为理想的药剂。

55. 如何预防长绿飞虱？

(1)危害症状

长绿飞虱以成虫、若虫刺吸汁液，喜聚集在心叶和倒二叶上为害，严重时茭白全株枯黄，叶片卷曲枯死，受害植株衰落，产量下降，甚至不孕茭(图 15)。

图 15 长绿飞虱

(2)发生规律

长绿飞虱在长江中下游地区一年约发生 5 代，除越冬代外，其他各代重叠发生。长绿飞虱以滞育卵在茭白残留叶鞘内和残株上越冬，翌年 4 月初至 4 月中旬初卵孵化。越冬代和第一代若、成虫在老茭白上为害，并向新抽茭白苗迁移。7～8 月份因高山区茭白生长茂盛、气温凉爽、湿度适宜，茭白田中第三代和第四代长绿飞虱大量发生，是高山茭白的主害，也是防治重点时期。

长绿飞虱卵单产或数粒排列在一起，成虫喜在嫩叶背面肥厚组织内产卵，以第五代（9 月底至 10 月初）的成虫在叶鞘或叶脉内滞育产卵，越冬卵抗寒性较强。成虫为长翅型，对茭白有较强的趋嫩绿性。

(3)防治措施

防治长绿飞虱，以 3～4 代为重点，一般在低龄若虫期，每亩用 10％吡虫啉 WP 20 毫升、20％康福多 SC 5 毫升或 25％扑虱灵 WP 50 克，兑水 50～75 千克，喷雾。

56. 如何预防大螟？

大螟一般发生 2～3 代，咬食茭心，茭田出现大量枯心植株和虫伤株。其主要防治方法如下：

①及时清除茭田四周的杂草，摘除茭白老叶，减少螟虫产卵基数。

②在 1～2 龄幼虫高峰期，先剥除老叶，再喷施 50％杀螟松乳油 1 000 倍液；盛发期，每隔 6～7 天防治 1 次，连治 2～3 次。在卵孵盛期、末期，喷洒 25％杀虫双水剂 250～300 倍液或 20％杀灭菊酯乳油 1 500～2 500 倍液，用药 2 次，间隔期 10 天左右。

57. 如何防治茭田福寿螺？

福寿螺又名大瓶螺，两栖淡水贝类软体动物，属软体动物门腹足纲瓶螺科，喜食植物(图 16)。该螺起源于南美洲的巴西和阿根廷，在 20 世纪 80 年代被引入亚洲的许多国家。由于盲目引进和管理不善，福寿螺迅速在我国华南和华东地区扩散开来，浙江省发生较严重的地区为温州、台州和宁波，成为危害生物多样性和生态环境的恶性水生动物，是国家环保局公布的首批入侵我国的 16 种“危害最大的外来物种”之一。

图 16 福寿螺

1、2、4 为福寿螺；3 为福寿螺卵

目前，福寿螺重发区对茭白危害较大。幼螺孵化后开始喜食茭白植株，尤其喜欢取食幼嫩部分包括茭白的小分蘖，最终导致茭白产量的降低。另外，茭白孕茭后，福寿螺严重危害茭白肉，用粗糙的舌头刮取茭白的肉质，影响茭白的品质，特别是对单季茭、3 月份种植的双季茭白危害时间长，危害严重。因此，生产上应综合防治。

(1)加强检疫,严格控制扩散蔓延

福寿螺是外来物种,由于其适应能力强,扩散性强,危险性大,可通过交通工具传播,故应加强植物检疫,禁止发生区茭白植株泥土及杂草带入无螺区。同时,应结合农村科普教育等各种形式,广泛宣传福寿螺的潜在危险性,尽量做到家喻户晓,使每一个农民能参与到灭螺行动中来。

(2)茭白田养鸡、养鱼、养鳖灭螺

在茭白田中放养鸭群来降低田间福寿螺的密度,这是减少福寿螺危害的有效途径之一。因为鸭子有在浅水域觅食小动物、谷子等习性。在茭白采收后,对福寿螺发生区田块、沟渠,反复轮回放养鸭子,充分发挥鸭子食螺的习性,减少幼螺数量。

利用本地物种中华鳖,放养到福寿螺重发区茭白田中,用本地生物中华鳖吃食福寿螺,能有效地控制福寿螺对茭白的危害,又使茭白、甲鱼获得双丰收。据试验,在福寿螺较多田块,每亩放养甲鱼 35 只,对福寿螺控制效果较好,放养甲鱼能使每亩增收 3 800 元以上。

(3)人工捕螺、摘卵

福寿螺螺体和卵块特征明显,并且成、幼螺一般在早晨和下午最活跃和最容易发现,因此,人工捕螺、摘卵也是一种简单易行的方法。茭白种植户平时可结合农事操作,见到福寿螺的螺体及卵块随即消灭,拾取的成、幼螺可喂鸡鸭,也可作沤肥处理。

(4)利用植物诱饵物诱杀成螺

利用有毒植物诱饵来诱集福寿螺或成螺产卵,然后集中消灭福寿螺的成螺、幼螺或卵块。如在茭白田中放一些对福寿螺有毒的植物如烟叶、辣椒、星状花、楝树等植物的叶片，也可以在茭白田中放一些如芋头、香蕉、木瓜、旧报纸等引诱物来收集福寿螺，然后集中处理。

另外，利用福寿螺的产卵场所的分布特点，在茭白田中插一些毛竹桩诱集福寿螺成螺产卵，可大量收集到卵块，并集中毁灭卵块，以减少福寿螺的种群基数。

(5)灌溉水口设置栏集网

在茭白田重要灌溉水出口放一张金属丝或毛竹编织的网，避免不同茭白田块之间的水因串灌而将福寿螺幼螺和成螺带进新的茭田。该方法既可阻止福寿螺在茭白田间的相互传播，也可收集到大量福寿螺。

58. 茭白留种应注意哪些问题?

(1)设施栽培的茭白一定要露地留种

在设施栽培方式下进行设施内选留种，茭白种性易出现迅速退化现象，其中生长势强的茭白品种尤为明显。留种时需在露地留种，最好选在山区半山区气候冷凉的区域留种。

(2)茭白选种时期要适宜，选择标准要明确

单季茭每年收一季茭，选种宜在茭白孕茭时期；双季茭一年收夏秋两季茭白，宜在夏茭生长中后期选种。选择生长整齐、成熟一致性好、节紧缩、已孕茭、茭壳白净、饱满的茭株留种。种株选定后要做好标记，以便剪秆扦插或分墩繁殖。

(3)假植寄苗以提高繁殖系数

茭白种株从地表向下 1～2 节地下茎所萌发的芽为有效分蘖，因此，种株选定后挖开植株四周的泥土，以促进植株基部抽芽分蘖。待种株基部新分蘖的苗 2～3 厘米时移植寄苗 1 次,然后再分株定植,可提高繁育系数。为了促使假植苗早发根早萌芽,防止受冻,茭秧田可采用地膜覆盖。当假植苗成活后。每亩秧田可施入碳酸氢铵 3～4 千克,促进幼苗生长。茭白苗也可直接定植,等新抽的苗长到 30～40 厘米时即可移栽种植。

59. 生产上怎样进行茭白制种?

茭白采用无性繁殖,种性极易退化分离,因此在栽培留种过程中,要注意做好田间的提纯复壮工作,及时去除雄茭和灰茭,淘汰不良植株。

(1)茭苗选择

秧苗要每年严格精选,单季茭选 3 次,双季茭选 4 次。

第一次在夏茭采收时初选(单季茭无该步骤)。

第二次在秋茭采收时复选(单季茭为初选)。选择的标准要符合产量高、株型整齐、孕茭率高、茭肉肥大、结茭部位和成熟一致、品种特征明显、无病虫害等要求,并将符合要求的茭墩做好标记。

第三次结合冬季茭白田管理及时掘出雄茭株、杂株、灰茭株和不符合品种特性特征的茭墩。

第四次在春季掘墩分苗时,根据苗情苗色再次淘汰生长不整齐的弱质苗,以保持原有种性。

(2)种苗繁育基地

为保持茭白品种种性,提高种苗纯度,应建立专门的规范化、标准化种苗基地进行提纯复壮,以控制种苗退化。

(3)薹管扦插

在茭白采收结束后，准备好扦插育苗田。9月下旬至10月下旬，剪取长度20～40厘米薹管作为扦插材料。扦插时，秆要露出水面；扦插后田间保持一层薄水，以促进成活。次年3月中旬，茭白移栽前10～15天，留种田每亩撒施尿素5～10千克，促进秧苗早发，培养壮苗，一般清明前后移栽，并做到随挖、随分、随栽。

(4)冬季管理

茭白茎叶逐渐枯萎后，及时处理枯枝残叶，在冬至前把茭墩齐泥割平，结合清田再次剔除杂株和受病虫危害的茭墩，留种茭墩在种苗田内浅水湿润越冬。

(5)适时移栽

3月下旬至4月上旬，在做好翻耕平整土地、施好基肥的前提下，掘取上年选中的茭墩移入种苗田，密度3 500穴/亩，每穴3～4苗。

(6)田间去杂

种苗田进一步选择生长整齐、茎紧缩、结茭多、茭白嫩而油光洁白、成熟一致性好、长足后包裹的叶梢一边稍有开裂、茭白眼成乳白色以及母株丛中绝对没有灰茭和雄茭的茭墩留种。

(7)供苗前管理

第二年春季，茭苗萌发时，要及时做好水浆管理，施好分蘖肥，促进茭墩分蘖生长。当茭苗长到30厘米时，再次淘汰萌发不整齐、长势过旺或过弱、叶色过绿的茭墩，选择生长一致的茭墩作为种苗，供应农户。一般种苗田面积∶大田面积为1∶(10～12)。

(8)商品种苗分级质量要求

种苗分级以苗高、茎宽、根长、根数为主要依据，可分为一级和二级种苗。低于二级标准的种苗不得出售。商品种苗的质量应符合表 2 的要求。

表 2 商品种苗的质量要求

级别	苗高/厘米	叶色	一墩苗株数	一墩可分割蘖	检疫对象	雄茭、灰茭率/%
一级	20～30	淡黄绿色	20±5	4～5	无	<10
二级	>30～40	淡黄绿色	30±5	5～6	无	<15

①苗高。用卷尺测量种苗基部至最高叶尖的长度。

②单蘖。目测从种苗主茎长出的有一片以上真叶的分蘖数，单蘖一般要求有 3～4 片披针形叶片。

③检验规则。组批以相同自然条件、管理方法进行培育的同一品种、同一天起苗的种苗为一批次。

④抽样方法。样本抽样应符合 GB 2828—1987 的要求，按表 3 随机抽样。

⑤合格判定。对抽取的样本种苗逐墩判定，同一墩中有 3 项不符合表 2 要求则判定为不合格墩；当不合格墩数达到 10%样本数时则判定该批种苗为不合格。否则，判该批种苗为合格。

⑥种苗质量仲裁。供需双方对茭白种苗质量有异议时，双方可协商解决，或由法定质量检验机构检验后仲裁。检验样品时，必须在冻结状态下进行。

⑦标志：每批茭白商品种苗应附有合格证。合格证应标明种苗品种、等级、数量、标准、育苗单位、出售日期、育苗单位地址等。

⑧包装运输。茭白种苗采用散装或筐装。装运时不堆高、不紧压。长途运输应注意遮阳保湿,装车后及时起运,并有防风、防晒措施。向外调运的种苗,在运输前应经检疫并附有检疫合格证书。

表3　抽样样本数

批样数/墩	样本数/墩
5 000	20
5001～10 000	21～40
10 001	41～60

四、慈姑的生产技术

60. 慈姑的根、茎、叶、花(果)各有哪些特点?

慈姑(图 17)的根、茎、叶、花(果)各具特点。

图 17　慈姑

(1)根

慈姑根系为肉质须根系,自短缩茎基部发生,长 30～40 厘米,有细小分枝,无根毛。根系主要分布在 25～50 厘米范围,不但起着固定整个植株的作用,而且具有很强的吸水和吸肥能力，为植株生长提供水分和矿质营养。同时，慈姑的肉质根系还具有储存养分的作用，可以把从土中吸收到的矿质养分暂时储存起来，当植株需要时再输送到所需器官。

(2)茎

慈姑的茎可分为短缩茎、根状茎和球茎3种。短缩茎是慈姑的主茎，着生在泥面以上。其向下抽生须根，向上抽生叶片，每长1节，抽生1片叶。根状茎由短缩茎上各节腋芽萌动后向土中生长形成，长40～60厘米，粗1.0～1.5厘米，每株有10多条，入土深浅与气候有关。生长前期气温高时，根状茎顶芽长出泥面，形成分株；在生长后期，气温下降，根状茎便向泥深处生长，顶端逐渐膨大，形成球茎。球茎呈圆球形、卵圆形等，横径3～4厘米，纵径3～5厘米；单个球茎重20～30克，个别可高达50克左右；皮白色、黄白色或青紫色，肉质白色，顶芽稍弯曲。慈姑的球茎既是食用器官，也是繁殖器官，生产上以球茎作为种姑。

(3)叶

慈姑叶片箭形，长30～50厘米，宽15～25厘米。由于其形状很像燕子的尾巴，所以有人也称慈姑为燕尾草。叶柄一般长60～100厘米，中间呈海绵状，是输运氧气的唯一通道。叶柄的长短很大意义上决定着植株的高低。慈姑球茎营养的积累主要依靠地上部分最后形成的4～7片叶，故延长这几片叶的生长期是促使每个球茎膨大充实的关键。

(4)花、果实

由于品种、气候和其他栽培条件等因素影响，部分慈姑植株会从叶腋抽生花枝。花梗呈圆锥形着生，总状花序，雌雄同株异花，雄上雌下。花冠白色，花萼、花瓣各3枚，集成球形，结实后形成密集瘦果。

种子扁平，斜倒卵圆形，有透明翼状物。种子发芽率很低，而且其实生苗当年结球茎小，生产上不用其作种。由于抽薹开花需要耗费许多营养，进而影响球茎产量，故生长上要通过选种和田间管理控制植株抽薹、开花和结实。

61. 慈姑有哪些类型？

慈姑原产中国，长江流域及其以南各省广泛栽培，其野生种及近缘种除西藏外我国各个省、区均有分布。生产上，慈姑按照球茎的形态和颜色可分为黄白慈姑和青紫慈姑两种类型。

(1)黄白慈姑

黄白慈姑晚熟；生长较快；抗逆性较差。球茎卵圆形或扁圆球形，皮黄色或黄白色；肉质较松，基本无苦味；耐储性较差。

(2)青紫慈姑

青紫慈姑中晚熟；生长速度中等；抗逆性较强。球茎近圆球形，皮青色或青色带紫；肉质较紧密，稍有苦味；耐储性好。

62. 慈姑目前生产上有哪些主要品种？

(1)黄白慈姑品种

①苏州黄。该品种植株高 1 米左右；叶片较大；球茎长卵形，高约 6 厘米，单球重 25 克左右；皮淡黄色，肉质较松，品质好。亩产 750～850 千克，高产田 1 000 千克。

②广州沙姑。该品种原产于广州市郊。该品种早熟，生育期110～120天；植株较矮细，高70～80厘米，开展度60～70厘米；叶片狭长，长32厘米，宽约8厘米，绿色；叶柄直立，棱沟较浅；匍匐茎较幼小，白色；球茎长卵形，高5厘米，横径4.3厘米，上有3～4道包叶鞘，鞘基形成3道箍；球茎皮黄白色，单球重达50克；含淀粉多，抗逆性强；肉质松爽，无苦味，品质优良，但耐藏性较差；每亩产量1 000千克左右。

③白肉慈姑。原产于广州市郊区泮塘一带，多供出口。该品种早熟，生育期110～120天；植株高大，高70～75厘米，开展度80厘米；叶片箭形，长35厘米、宽约15厘米，绿色；叶柄粗大，微弯曲，内侧有明显的凹沟；匍匐茎白色，较粗大且多；球茎卵圆形，皮肉均为雪白色，单球重达50克左右，品质优；产量高，耐储运，抗逆性强；每亩产量1 000～1 300千克。

(2)青紫慈姑品种

①宝应紫圆(又名侉老乌)。该品种株高80～100厘米；叶宽，色深；球茎近圆球形，高和横径都是4～5厘米，单球重30～40克；皮青紫色，肉白色，肉质紧密，略带苦味，品质较好；耐储藏，对慈姑黑粉病抗性强；亩产1 000～1 250千克。

②高淳紫皮。该品种原产江苏省高淳县。该品种晚熟；株型紧凑，株高80～100厘米；球茎近扁圆形，高3厘米，横径3.5厘米，单球重20克左右；皮淡黄带紫红色，肉质紧密，略带苦味，品质好，耐储藏；每亩产1 000千克。

③金鸡坡慈姑。该品种原产江西省九江市郊区。该品种中晚熟；株高1.2米；球茎圆球形，单球重100克，肉白色，品质好；每亩产1 200千克以上。

63. 怎样确定慈姑的栽培季节？慈姑良种的标准是什么？怎样选择慈姑播种材料？

(1)适时确定慈姑的栽培季节

①慈姑生长发育对环境条件的要求。慈姑性喜温暖、水湿，不耐霜冻和干旱。慈姑球茎顶芽在15℃以上才能萌发，叶片生长以25～30℃为最适，抽生匍匐茎和球茎膨大以20～25℃为最适，温度低于15℃则球茎停止膨大。球茎休眠过冬，温度以保持7～12℃为宜，过高、过低都不利于储藏。

除此之外，慈姑还是耐肥、喜光的作物，要求保水、保肥力强的土壤。长日照有利于慈姑茎叶生长，短日照有利于球茎的充实膨大。

②慈姑栽培季节的确定。长江中下游地区，生产上一般在3月初气温适宜时利用地膜覆盖或设施育苗，4月底至5月初露地温度稳定15℃以上时假植，8月初至9月上旬定植，春节前后收获。当然，具体时期可根据当地气候条件做适当调整。

(2)慈姑良种的标准

球茎圆形，顶芽粗壮，表皮白净，肉质细，米白色，无苦味，风味浓，品质好，抗性强。

(3)慈姑种姑选择

种姑选择的第一步就是品种的确定。选择适宜本地种植及商品性好且受本地消费群体喜爱的慈姑品种。

第二步，种株的选择。慈姑大田生产一般采用球茎进行无性繁殖。种苗每年要严格精选。在品种确定的基础上，选种一般进行 3～4 次。第一次在慈姑育苗期间，选择壮苗作种。第二次在慈姑采收期间，选用生长整齐、成熟一致性好、形状呈圆形、大小适中、无畸形、无病虫害、具有本品种特性的球茎作种姑；种株选定后要做好标记。第三次在慈姑种植时，选择无病虫害、无腐烂、无畸形的球茎作种，以保持原有种性。

64. 目前慈姑栽培上有哪些茬口安排方式？

慈姑为一种重要的水生蔬菜，在水旱轮作的茬口安排中扮演着一种重要的角色。近年来，随着慈姑栽培技术的提升以及各地的气候特点，形成了多种慈姑栽培方式。

(1)大棚甜瓜—慈姑

甜瓜 12 月初开始催芽播种，1 月中下旬定植于大棚内，6 月中下旬采收结束。慈姑一般于 6 月下旬至 7 月上旬育苗，7 月下旬至 8 月上旬定植，11～12 月份采收；采收结束后翻耕，继续下一次轮作。大棚甜瓜—慈姑栽培模式对于 7～8 月份雨水较多的地区更具有现实意义。

(2)早熟莲藕—慈姑

早熟莲藕—慈姑栽培模式中，莲藕采用塑料大(中)棚覆盖早熟栽培；品种选用鄂莲 1 号、新一号莲藕等早熟品种；用主藕作种，可早发；用种量 250～300 千克/亩；行距 1.5～2.0 米，穴距 0.8～1.2 米；3 月上旬定植；6 月下旬至 7 月上中旬采收上市；每亩产量 750 千克。

在青荷藕采收后，接茬种植慈姑。慈姑一般在 4 月中旬至 5 月上旬催芽、育苗，早熟慈姑 7 月中旬定植，晚熟慈姑在 7 月下旬至 8 月上旬定植，成熟后可持续采收至翌年 3 月份，每亩产量 750～1 000 千克。

(3)早水稻—慈姑

水稻 2 月下旬至 3 月上旬育苗，4 月底至 5 月初定植，7 月中下旬收割。早稻收割后种植慈姑。慈姑一般在 4 月中旬至 5 月上旬催芽、育苗，早熟慈姑品种 7 月中旬定植，晚熟慈姑品种在 7 月下旬至 8 月上旬定植，成熟后可持续采收至翌年 3～4 月份，每亩产量 750～1 000 千克。

65. 慈姑应怎样育苗？

(1)苗床准备

选择土壤肥沃、疏松、熟化程度高、排灌方便的水田作苗床。育苗畦宽 1.5～1.6 米，沟宽 25 厘米，深 10～15 厘米；畦面要平整湿润。苗床面积与大田面积之比为 1∶15。

(2)种姑选择、催芽

慈姑一般大田生产采用球茎进行顶芽无性繁殖，选择成熟、形状好、大小适中、无畸形、无病虫害、顶芽粗壮、具有本品种特性的球茎作种姑。在冬前将顶芽稍带一部分球茎用刀削下，适当摊晾至表皮干燥后，窖藏越冬。

3 月上旬取出种姑播种时先将球茎用 50％多菌灵 1 000 倍液浸种消毒 1～2 小时，沥干，并保持温度在 15℃以上催芽，经 10～15 天出芽，即可插播于苗池育苗。如气温已达 15℃，可不经催芽，直接插播到预先准备好的育苗床中培育。

(3)播种

慈姑直播育苗密度 10 厘米×10 厘米。插播深度一般要求顶芽从下向上的第三节插入土中 1.5～2 厘米。覆膜后保持水深 2～4 厘米，以利于提高土温，促进发根；如遇晚霜，夜间应灌深水防冻，第二天再放浅水。播后精细肥水管理，10～15 天后开始发芽生根。

播后 7～10 天，开始发根生长，可追施苗肥 1 次，每亩施 20%的腐熟粪肥 1 000 千克或尿素 5 千克，促苗早发。同时，应注意除草和防治蚜虫等。此后随着气温的升高，应逐步加深水层到 6～10 厘米，适当增施磷钾肥，既要防止生长过旺，又要防止生长不良。

一般每亩大田用种球茎量 50～55 千克(1 千克球茎可摘取顶芽 28～30 个)，需育苗地 14～18 米^2。如种芽大小不一，应将大小顶芽分开插播，以便秧田管理。

(4)假植

4 月中下旬，气温稳定在 15℃ 以上，就近选择背风向阳的肥沃水田，进行幼苗假植，株行距 50 厘米×70 厘米，四周筑好田基，保持田面有水。随着气温升高和幼苗生长的加快，幼苗不断抽生出匍匐茎，地下匍匐茎顶芽便发育成许多分株，当分株长成标准苗时即可移栽到大田。

假植期间要进行人工除草、摘老叶 2 次，施用腐熟人粪尿 2～3 次，促使慈姑苗生长齐壮；为控制大苗生长，促进分蘖苗生长，在 7 月中旬可将外围叶片 30 厘米以上部分包括叶柄全部割去，还能减少病虫害的发生。

66. 慈姑栽培应掌握哪些技术要点?

(1)定植时期

慈姑的定植时间因各地气候条件及茬口安排而异。早中熟慈姑栽插不宜过早，一般要求苗龄达 45 天以上，株高达 30 厘米左右，具 4～5 片叶。若秧苗太小，栽后发棵慢，达不到早熟的目的，产量也不高。晚熟慈姑要尽可能早栽，长江中下游地区一般应在 8 月上旬栽插完毕，否则生育期短、生长量不足，产量将大幅度降低。

(2)田块准备

慈姑从种植到收获，需要充足水分，故应选择有水源、排灌方便、土层深厚肥沃、土壤有机质含量在 1.5%以上的低洼水田种植，忌连作。选择的田块要深耕 20 厘米。种植前 1 周左右每亩施厩肥或粪肥 3 000 千克、总含量 45%的三元复合肥 30 千克、过磷酸钙 40 千克，作为基肥。翻耕耙平，灌入浅水，即可栽植。

(3)定植

慈姑要求浅水栽插，合理密植，株行距一般为 30 厘米×60 厘米，每亩大田植 3 700～4 000 株。种植时，要求田面平整、挖好排灌沟、浅插，以利于苗早生快发，并在田边 1～2 行多插 40～50 株作备用苗，以便及时补缺，保证全苗。

(4)田间管理

慈姑田间管理重点为肥水管理。

①水层管理。以严防干旱、浅水勤灌为原则。在高温多雨季节，应适当排水搁田，以防徒长。在高温干旱情况下，应注意适当深灌冷水。一般植株生育前期保持 3～6 厘米浅水；梅雨季节，植株易徒长，可于 7 月上中旬搁田 1 次，以控制地上部生长，使植株生长强健，提高抗性；在 7～8 月间气温达 35℃ 以上时，可于深夜或清晨引灌冷水，并加深水层至 12～20 厘米，减轻高温的不良影响；8 月中下旬以后，气候转

凉，再恢复 8～10 厘米的水层，9～10 月份，植株球茎开始膨大时，落浅水到 3～5 厘米。

②合理施肥。慈姑整个生育期间肥料的施用，应遵循促、控、促的原则，而且必须重视氮肥、磷肥、钾肥的配合施用。一般在定植后 10～14 天，即活棵后开始追肥，以促进植株的生长。此时，每亩可施 20％的腐熟粪肥 1 500 千克或尿素 10 千克。此后视植株生长情况，一般不施肥，直至秋季天气转凉植株开始大量抽生匍匐茎时，追施 1 次重肥，以促进结球。一般每亩施腐熟粪肥 2 500 千克或尿素 25 千克，另加草木灰 100 千克或硫酸钾 15 千克。

③摘叶除蘖。一般在种后 10～15 天，当植株生长到 7 片叶时，结合中耕除草，除去株行间的蘖苗；然后摘去植株 3 片老叶(连叶柄)埋入土中，每株只留 4 片叶，以后每隔 15 天左右摘叶除蘖 1 次，直至 10 月上旬为止，共摘叶除蘖 3～4 次，以利于田间通风透光。

④壅土促姑。10 月上旬以后，植株大量抽生匍匐茎和开始结姑，此时不宜下田操作，故最后一次摘叶除草时，应向植株基部周围壅土，以保护匍匐茎的抽生和地下根系，抑制地上部生长，促进地下部多结姑。

(5)病虫害防治

慈姑的主要病虫害有黑粉病、斑纹病、褐斑病、蚜虫、钻心虫等。防治措施可参考本书有关慈姑病虫害防治内容。

(6)适时采收

慈姑于地上部枯黄时采收。常规栽培在初霜后，即 10 月下旬至 12 月上旬，均可应市场需要分批采收。但一般以 12 月份收获产量最高，因为慈姑地上部叶片经霜冻枯死后，其短缩茎中储存的养分，仍不断地输入球茎，使球茎进一步充实。先将植株 100 克以上大个球茎采收，20 天左右之后，待小个球茎因得到充足养分而膨大成为大个球茎再采收完毕，可提高产量 30%～50%。对于留种田，应适当延迟收获期。

67. 如何进行慈姑早熟栽培?

(1)栽植时期

慈姑早熟栽培一般春节前后采用温床育苗方式，3 月下旬至 4 月初移栽到简易或塑料大棚内，使慈姑的上市期提早到 7 月上中旬，比常规栽培早上市 3～4 个月，平均亩产量 500 千克左右，高产田块超过 750 千克。因上市时价格较高，故慈姑早熟栽培可达到早熟、高产、高效的目的。

(2)育苗

早熟栽培可选用青紫皮等早熟、高产、质优的慈姑品种。1 月中旬选择背风向阳的田块作育苗床，每亩苗床施腐熟的优质粪肥或厩肥 1 500～2 000 千克作为基肥。耕耙整平，按东西向做成 1 米宽的育苗床；浇水润湿床土。将具本品种特征、球茎大而整齐、粗壮完整的顶芽带球茎上部掰下或切下，按行株距各 10～12 厘米扦插于苗床中，随即架小拱棚并覆盖薄膜压紧。白天晒暖增温，夜晚加盖草帘保温。育苗床保持土壤湿润，气温白天保持 18～20℃、夜间 10～12℃，温度过高时通风降温，过低时盖草帘保温。移栽前 7～10 天逐步揭膜降温炼苗，一般 3 月下旬 4～5 叶片时即可移栽到大棚内。

(3)施足基肥,合理密植

移栽大田尽早深耕冻晒垡,亩施优质腐熟的粪肥或厩肥 2 000～2 500 千克、总含量 45%的三元复合肥 25 千克作基肥。移栽前 7～15 天将田块耙平整,按地形搭建宽 6～8 米的简易竹架大棚,放浅水 3～4 厘米,覆盖薄膜增温。栽前将秧苗从苗床中连根拔起,随即按株行距各 35～40 厘米在田移栽,将秧苗根部插入泥中,抹平周围泥土,防止倒伏。

(4)田间管理

田间管理重点为肥水管理。

①肥水管理。前期保持 3～6 厘米浅水促早发,定植后 10～14 天,即活棵后开始追肥,每亩可施 20%的腐熟粪肥 1 500 千克或尿素 10 千克,以促进植株的生长。中期保持水位 8～10 厘米,并通过喷施多效唑和块茎膨大剂等生长调节剂控制地上部生长,促进地下球茎膨大,并结合防治病虫根外喷施磷酸二氢钾等营养液,提高产量和品质。中后期植株开始大量抽生匍匐茎时,追施 1 次重肥,一般每亩施腐熟粪肥 2 500 千克或尿素 25 千克,另加草木灰 100 千克或硫酸钾 15 千克,以促进结球。植株球茎开始膨大时,落浅水到 3～5 厘米。

②摘叶除蘖。一般在种后 10～15 天,当植株生长到 7 片叶时,结合中耕除草,除去株行间的蘖苗;然后摘去植株 3 片老叶(连叶柄)埋入土中,每株只留 4 片叶,以后每隔 15 天左右摘叶除蘖 1 次,共摘叶除蘖 3～4 次,以利于田间通风透光。

③壅土促姑。植株大量抽生匍匐茎和开始结姑时,不宜下田操作,故最后一次摘叶除草时,应向植株基部周围壅土,

以保护匍匐茎的抽生和地下根系，抑制地上部生长，促进地下部多结姑。

(5)适时采收

慈姑于地上部枯黄时采收。早熟慈姑于7月上旬采收。采收可分批进行，先将植株100克以上大个球茎采收，20天左右之后，待小个球茎因得到充足养分而膨大成为大个球茎再采收完毕。

68. 慈姑栽培上应如何施肥?

慈姑栽培上施肥以基肥为主，追肥为辅。亩施优质腐熟的粪肥或厩肥2 000～2 500千克、总含量45%的三元复合肥25千克作基肥。

追肥应掌握前期以氮肥为主，促进秧苗迅速生长；中期以有机肥为主，促进植株抽生粗壮匍匐茎；后期以复合肥为主，补施钾肥，促进球茎膨大。一般追肥4次，其中前期2次，中期、后期各1次。第一次在9月上旬施苗肥，每亩穴施碳铵15～20千克或尿素10～15千克。第二次在9月下旬施苗肥，每亩施尿素15～20千克。第三次在10月中旬施匍匐茎抽生肥，每亩施腐熟优质粪肥500千克或麸肥100千克、生物有机复合肥50千克。第四次在11月上旬施球茎膨大肥，每亩施复合肥30～40千克、钾肥10～15千克。

69. 如何防治慈姑黑粉病?

(1)慈姑黑粉病的危害症状

叶片受害，初期在叶片上出现褪绿的圆形小斑点，以后逐渐发展为黄绿色不规则圆形泡状突起，泡状突起部分表面粗糙，内部似海绵状，常有黄白色浆液流出；后期病斑变灰褐色，表皮枯黄破裂，散发出许多黑色小粉状物，即病菌的孢子团，导致有的病叶畸形扭曲，叶片发黄(图 18)。

图 18　慈姑黑粉病

叶柄受害，初期叶柄上病斑为褪绿圆形小点，发展成椭圆形瘤状突起，上面有数条纵沟；后期呈枯黄色，表皮破裂后散发出黑粉孢子团，严重时叶柄常会折断。

花器受害，子房变成黑褐色。

球茎受害，多在植株基部与茎结处发病，造成茎皮开裂，其基部全被黑色孢子团所取代，球茎变小，不能食用。

(2)慈姑黑粉病发生条件

慈姑黑粉病主要危害叶片和叶柄，也危害球茎。一般在6～8 月份高温多湿的气候条件下容易发病并蔓延。高温高湿是发病的主要因素。一般长期阴雨、湿度大、温度偏高、通风条件差、长势弱、密度高，易发病，危害重。偏施、过施氮肥，植株生长嫩绿的田块，发病早而重；脱肥过早，发病也较重；过度密植发病重，播种早及连作等都会加重黑粉病的发生。

(3)慈姑黑粉病菌世代交替

慈姑黑粉病又名泡泡病，各地都有发生，是慈姑的主要病害。该病病菌以其厚垣孢子团随留种慈姑球茎和病株残余遗留在土壤中越冬，第二年慈姑生长期条件适宜，冬孢子萌发，产生担孢子，通过气流、雨水或田水传播到慈姑苗上。担孢子萌发产生芽管，从寄主的气孔或表皮进入，进行初侵染，1～2天后出现症状，1周左右产生厚垣孢子团不断进行再侵染，造成危害。

(4)慈姑黑粉病的防治

①农业防治。因地制宜地选用抗病、无病球茎作种。对种姑或顶芽进行消毒处理，在扦插育苗前用25%多菌灵500倍液浸泡顶芽或种球12小时，用清水冲洗后插播。施磷肥、钾肥，氮肥、磷肥、钾肥的有效成分达到相等或相近则发病轻。实行合理轮作，合理密植，可以与水芹、莲藕等水生蔬菜轮作，也可实行水旱轮作。发病初期摘除病叶，进行深埋或销毁。

②化学防治。高温多雨季节容易发病，要及早用36%粮果丰WP 500倍液、25%三唑酮WP 1 000倍液、25%粉锈宁可湿性粉剂1 000倍液或50%多菌灵可湿性粉剂500倍液交替喷雾，7～10天喷1次，连续喷3次。

70. 如何防治慈姑斑纹病?

(1)慈姑斑纹病危害症状

慈姑斑纹病为真菌性病害，主要危害叶片和叶柄。叶片上的病斑灰褐色，呈圆形、椭圆、多角或不规则形，上生同心圆状灰色霉层，直径1.5～15毫米，周围具明显的黄绿色或深绿色晕带。严重时全叶变黄干枯。叶柄上的病斑呈褐色、短线状。

该病主要以菌丝块附着于病部越冬，翌年其上生孢子而传播；一般从 8 月份开始发病，直至收获。

(2)慈姑斑纹病的防治

①农业防治。及早清除田间及周围泽泻科杂草，收集病残体集中烧毁。注意氮肥、磷肥、钾肥的配合均衡施用，防止偏施氮肥。

②化学防治。发病初期用 1∶1∶200 倍波尔多液、50%代森锰锌可湿性粉剂 500 倍液或 70%甲基托布津可湿性粉剂 800～1 000 倍液轮换交替使用，每隔 7～10 天喷 1 次，共喷 3～4 次。

71. 如何识别与防治慈姑钻心虫？

(1)慈姑钻心虫危害症状

慈姑钻心虫又名慈姑髓虫，浙江温州等地多在 7～9 月份发生。慈姑钻心虫主要以幼虫钻蛀慈姑叶柄群集为害，常造成叶柄被蛀食一空，同时产生大量粪便，叶柄内全部成黑色污状物，表面出现黄斑，并形成很多蛀入孔与羽化孔。危害后期叶柄从中上部折断，叶片枯萎，严重时整株死亡，田间呈枯败状。幼虫也可卷叶危害，造成叶片卷曲，被食部位变黑枯死。

(2)慈姑钻心虫形态特征

成虫虫体与前翅黄褐色，翅基部 2/3 色深，翅展 13～17 毫米，中部有近圆形黑褐色斑，翅后缘有一排黑褐色三角形斑。后翅淡灰褐色。卵粒扁平，椭圆形，边缘具放射状刻纹，乳白色，后期黑褐色，大小0.8毫米×0.6毫米，呈鱼鳞状排列。幼虫4龄，老熟幼虫长13～16毫米，浅绿色、浅紫红色、黄褐色、黄绿色等，或具有明显的紫红色亚背线。腹部各节具黑色毛疣8个，其中背部4个呈“八”字形排列。蛹长7.5～9.5毫米，宽3～4毫米，黄褐色。

(3)慈姑钻心虫生活习性

长江中下游地区年发生3～4代，以老熟幼虫在慈姑的残茬叶柄中越冬。次年5～6月份开始化蛹、羽化产卵。第一代、第二代幼虫危害高峰分别为7月中旬和8月中旬，第三代危害最重。幼虫发生期为9～10月份，10月底至11月初老熟幼虫开始越冬。成虫昼伏夜出，白天栖息于慈姑叶背，受惊可作短距离飞行。羽化3～4天后开始产卵，卵块产在慈姑叶柄和叶片上，以叶柄中下部为主。卵块有十多粒至上百粒不等，也有两三粒卵散产。孵化以早晨为多。孵化后幼虫下爬至离水面1～3厘米的叶柄处，一般在3小时内群集蛀入叶柄中，并随着髓向上蛀食；叶柄中空腐烂后容易折断。2龄后幼虫可转株危害，其中，第一代、第二代幼虫期约20天。越冬代幼虫历期较长，耐寒力较强。老熟幼虫在叶柄内作薄茧化蛹。羽化后，蛹壳残留于叶柄羽化孔之上。

(4)慈姑钻心虫的防治

①农业防治。加强肥水管理，增施磷钾肥，适时灌水，培育壮苗。及时收获，清洁田园，清除慈姑残株，集中烧毁，消灭越冬幼虫，减少越冬基数。

②物理防治。如幼虫已钻入叶柄蛀食，要及时拔除受害茎叶，或将有虫叶和叶柄一起踩入泥中沤杀。

③化学防治。在幼虫孵化初期，及时喷40%乐斯本1 000～2 000倍液、5%锐劲特1 500倍液、10%虫螨腈乳油2 000倍液、1.8%N维菌素乳油1 500倍液，各种药剂要轮换交替使用，每隔7天喷1次，连喷2次。如幼虫已钻入叶柄中蛀食，叶片折断、下挂，要立即将有虫的叶和叶柄一起埋入泥中沤杀。

72.出口慈姑有什么要求？如何栽培出口慈姑？

(1)慈姑出口标准

球茎横径4.3厘米以上，顶芽完整，底部留3～4厘米匍匐茎，外皮白净，锈色少，球茎不开裂、不空心，无病虫危害和机械损伤。

(2)出口慈姑栽培技术

①品种选择。桂林白慈姑以个大、皮白、品质优、商品性好而闻名国内外，是优良地方品种。其球茎圆形，顶芽粗壮，表皮白净，肉质细，米白色，无苦味，风味浓，品质好。单株结球茎4～5个，球茎横径5～6厘米，单球重100～140克，亩产量1 500千克左右。桂林白慈姑品种特征特性符合出口慈姑的要求。因此，桂林白慈姑为出口慈姑栽培品种。

②播种育苗。育苗田宜选择排灌方便、土质肥沃的水田。播种田∶假植田∶大田面积约为1∶5∶30。3～6月份育苗，7～8月份假植。采用整球茎育苗。选择充分成熟、无病虫危害、顶芽粗壮、品种特征明显、单重约100克的球茎作种，每亩大田需留种25～30千克。播种时先将球茎用50%多菌灵1 000倍液浸种消毒1～2小时，沥干，然后按株行距

50 厘米×50 厘米将球茎浅栽于播种秧田。苗高 20 厘米左右开始追肥，每隔 20 天施 1 次速效氮肥，促进植株生长和抽生分株。7 月上旬将播种秧田中的分株苗移植于假植秧田再次繁殖，移植株行距仍为 50 厘米×50 厘米。植株成活后及时追施 2～3 次速效氮肥，使其在 30 天左右每株抽生 5～6 个分株苗供应大田生产。育苗期间 2～3 厘米浅水灌溉，速效氮肥以腐熟粪水和尿素为主，并注意防治黑粉病和蚜虫。

③选田、定植。慈姑高产优质栽培宜选择土壤肥沃、土层深厚、土质疏松、水源条件好，符合无公害蔬菜产地环境条件的水田种植。7 月下旬收获早稻后及时犁耙沤田。栽植前 1～2 天，亩施腐熟有机肥 1 500～2 000 千克、过磷酸钙 50 千克；施基肥后，再次犁耙田，整平、整细；保持 3～5 厘米浅水层。根据当地气候特点和多年种植经验，以 8 月中下旬为最佳定植期。按株行距 30 厘米×60 厘米栽植，亩定植约 3 700 株。尽量选用 3～5 片叶、苗高 30 厘米左右的健壮分株苗定植。定植时仅保留秧苗 1～2 片心叶，把外围叶片在叶柄的中部摘去，以防止栽植后秧苗倒伏和减少水分蒸发，利于成活。栽植深度约 10 厘米为宜。

④田间管理。田间管理重点为肥水管理。

其一，合理追肥。追肥应掌握前期以氮肥为主，促进秧苗迅速生长；中期以有机肥为主，促进植株抽生粗壮匍匐茎；后期以复合肥为主，补施钾肥，促进球茎膨大。一般追肥 4 次，其中，前期 2 次，中期、后期各 1 次。第一次在 9 月上旬施苗肥，每亩穴施碳铵 15～20 千克或尿素 10～15 千克。第二次在 9 月下旬施苗肥，亩施尿素 15～20 千克。第三次在 10 月中旬施匍匐茎抽生肥，亩施腐熟优质粪肥 500 千克或麸肥

100 千克、生物有机复合肥 50 千克。第四次在 11 月上旬施球茎膨大肥，亩施复合肥 30～40 千克、钾肥 10～15 千克。

其二，科学管水。从定植至采收保持一定水层。定植成活前灌 3～4 厘米浅水，利于立苗。定植成活后灌 10 厘米左右深水层，利于植株旺盛生长。10 月中旬后，气温逐渐下降，植株进入生长后期，应灌 3 厘米左右浅水至采收，以利于控制植株徒长和抽生有效匍匐茎，促进球茎膨大。

其三，及时摘除老叶和无效匍匐茎。从定植至霜降前，气温较高，是植株生长旺盛期，不断抽生新叶和匍匐茎并产生分株。在此期间，结合耘田除草进行 3～4 次摘除植株老叶和匍匐茎；把植株外围老叶及叶柄剥除，仅保留中央 4～5 片新叶，促进田间通风透光和新叶抽生，减轻植株负担和病害发生；摘除植株根部抽生的匍匐茎，避免产生分株或者劣质小球茎，减少植株养分消耗；最后一次摘除老叶和匍匐茎在霜降前 5 天左右结束。进入霜降后，气温下降至 20℃ 以下，植株抽生新叶变缓，陆续抽生的匍匐茎得到充足养分供给而逐渐膨大成为大个球茎，从而达到高产优质的栽培目的。

⑤病虫害防治。慈姑主要病害是黑粉病。虫害主要有福寿螺、蚜虫和白螟。防治措施可参考本书有关内容。

⑥采收。12 月中旬至翌年 1 月份两批采收，霜冻来临前采收完毕。因同一植株抽生有效匍匐茎时期不同，球茎膨大及成熟亦有先后之分，在 12 月中旬先将植株 100 克以上大个球茎采收并获得较高的销售价格；待 20 天后，植株剩下的小个球茎因得到充足养分而膨大成为大个球茎再采收完毕。采收采用分两批方法，花工虽多，但可提高产量 30%～50%。

73. 如何进行慈姑留种?

在采种前要选定留种田，选择品种纯正、生长健壮、病虫害轻、很少有抽薹开花植株的丰产田块留种，待地上部全部枯死时采收。采后挑选球茎符合本品种特征、个头较大、较重、顶芽比较弯曲的球茎做种(由于顶芽弯曲才有利于积累养分，不易萌发)。选留的种球要掰下顶芽并稍带一部分球茎上部，然后将慈姑顶芽倒入、浸泡在50%多菌灵600倍液中消毒20～25分钟，捞出沥干余水，摊成薄层晾干，再储藏过冬。每100千克球茎，掰取顶芽12～15千克可供种植1亩大田之用。

74. 生产上怎样进行慈姑制种?

慈姑采用无性繁殖，种性极易退化分离，因此，在栽培留种过程中，要注意做好田间的提纯复壮工作，及时去除生长不良、不符合品种特征特性的植株。慈姑制种也应符合原原种—原种—良种的制种制度。

(1)慈姑品种选择

慈姑制种主要是满足市场上对慈姑种苗的需求，因此，品种选择要注意品种的真实性、典型性、优良性、适应性、商品性及品种的多样化。

(2)种苗繁育基地

为保持慈姑品种种性，提高种苗纯度，应建立专门的规范化、标准化种苗基地进行种苗的繁殖，以防止种苗退化。

(3)慈姑播前处理

慈姑做种的球茎播前有 3 种处理方法。第一种以整个球茎作种,即以完整的球茎作为种姑,这种方法的优点是球茎能在发芽、生根和生长初期,提供所需营养,但用种量大,繁殖系数不高。第二种为顶芽带部分组织作种。其具体操作为:切除球茎组织 2/3,留 1/3 球茎组织在顶芽上与顶芽一起作为播种材料。这种方法的优点是既可将切下的 2/3 球茎作为蔬菜食用,又能保证幼根、幼芽在发生和生长前期有一定养分供给,但需注意,必须将切口处加以处理,以免病菌侵入。第三种为顶芽作种。用刀直接在芽的基部将顶芽挖下,作为种子育苗,整个球茎全供食用。这种方法的优点是大大地节约了用种量,但需注意的是在挖下顶芽时,仍要稍带点球茎,这样可以避免使顶芽基部生根和出叶节受到损伤。

(4)播种育苗

育苗田宜选择排灌方便、土质肥沃的水田。1 亩播种田可够 5 亩田假植、30 亩大田种植,三者面积比约为 1∶5∶30。3～6 月份育苗;7～8 月份假植,按株行距 50 厘米×50 厘米将球茎浅栽于播种秧田。苗高 20 厘米左右开始追肥,每隔 20 天施 1 次速效氮肥,促进植株生长和抽生分株。7 月上旬将播种秧田中的分株苗移植于假植秧田再次繁殖,假植密度仍为 50 厘米×50 厘米。植株成活后及时追施 2～3 次速效氮肥,使其在 30 天左右每株抽生 5～6 个分株苗供应大田生产。育苗期间 2～3 厘米浅水灌溉,速效氮肥以腐熟粪水和尿素为主,并注意防治黑粉病和蚜虫。

(5)定植

定植宜在 8 月上中旬进行。栽植前 1～2 天,每亩施腐熟有机肥 1 500～2 000 千克、过磷酸钙 50 千克。施基肥后，再次犁耙田，整平、整细。保持 3～5 厘米浅水层。根据本地气候特点和多年种植经验，以 8 月中下旬为最佳定植期。按株行距 30 厘米×60 厘米栽植，亩定植约 3 700 株。尽量选用3～5 片叶、苗高 30 厘米左右的健壮分株苗定植。定植时仅保留秧苗 1～2 片心叶，把外围叶片在叶柄的中部摘去，以防止栽植后秧苗倒伏和减少水分蒸发，利于成活。栽植深度约 10 厘米为宜。

(6)田间管理

田间管理重点是肥水管理。详见本书“72. 出口慈姑有什么要求？如何栽培出口慈姑?”中田间管理部分。

(7)选种

为了保持品种的特征特性，慈姑制种时要进行选种。选种有两种方法，即株选和片选。

原原种采用株选，原种可采用片选。株选的主要目的是保持其种性。株选要细心地根据本品种株型特征选定植株。具体做法就是选择植株生长健壮、无病虫害、无花、具有本品种特征的植株作为种株，并做好标记。第二年将选定植株的球茎进行扩大繁殖，到第三年即可作为大田用种。片选就是在留种田生长期间淘汰劣株，主要目的是为第二年大田种植提供良种。所选的方法是选生长较整齐一致的大田，进行去杂、去劣，混合采收作为第二年大田用种。

每茬慈姑在生育期内一般选择 3～4 次。第一次在慈姑育苗期初选，选择生长整齐一致、苗粗壮、色泽正常的强壮慈姑苗，剔除不符合标准的弱质苗。第二次在慈姑苗假植时复选，选择生长整齐一致、品种特征特性明显、无病虫害的慈姑苗,剔除不符合标准的弱质苗。第三次结合田间管理选择符合品种特征特性的慈姑种苗。第四次在慈姑采收时进行,选择产量高、株形整齐、球茎基本呈圆形、成熟一致、品种特征明显、无病虫害等要求的慈姑做种。

(8)采种

12 月中旬开始采收,霜冻来临前采收完毕。采收方法如前所述慈姑采收方法。

(9)慈姑种储存

储存慈姑种分为种球和顶芽两种。

①顶芽储存。采收后挑选球茎符合本品种特征、个头较大、较重、顶芽比较弯曲的球茎做种。切取顶芽时要带部分球茎组织。将切取的慈姑顶芽倒入、浸泡在 50%多菌灵 600 倍液中消毒 20～25 分钟,捞出沥干,摊成薄层晾干,然后储藏。每 100 千克球茎,可切取顶芽 12～15 千克,可供种植 1 亩大田之用。

②种球储存。种球要带泥储藏。选择地势高燥、背阴的露开场地,用砖块砌成坑。在坑底铺厚约 5 厘米的经晒过消毒的潮湿细泥土,挑选无病、无伤的慈姑入坑,每层达 3～4 个球茎高度厚即盖一层薄泥,直至离坑口 10 厘米左右为止。最后,在坑顶以厚土覆盖,并将坑面培成馒头形,以利于排水;坑周围挖排水沟以防积水。如遇暴雨,应及时加盖芦席或油毡以免泥土流失,影响储藏。

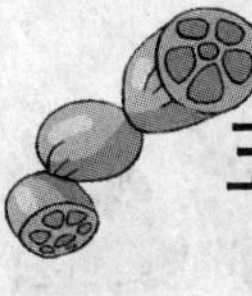

五、菱的生产技术

75. 菱的根、茎、叶各有哪些特点?

菱的茎蔓长，属深水水生植物。在不能种植其他水生植物的水位较深的河、湖、荡等都可以种菱，但菱也可在浅水中种植。

菱的根有水中根和土中根两种。水中根是从水中茎蔓的各节上左右对称地抽生的两条小的根须；土中根从植株茎蔓基部向地下抽生，为细长弦线状须根，长达 30～50 厘米。茎蔓生，生长水中，长达 2～5 米，茎上部常可发生分枝。叶有水中叶和出水叶两种。水中叶狭长，互生，无叶柄，又称菊状叶。出水叶菱形到近三角形，具长柄，中部膨大，组织疏松，内储空气，托叶浮出水面，通称浮器。出水叶轮生，形成叶盘，称菱盘，为主要光合作用器官。花腋生于菱盘内。果实为坚果，通称菱角(图 19)。

76. 菱有哪些类型? 目前生产上有哪些主要品种?

(1)菱的类型

菱角类型以颜色分有青菱、红菱、紫菱等；从角数分则有四角菱、三角菱、无角菱等。

图 19 菱

(2)菱的品种

①大红菱。该品种又名大红袍、大老菱、环菱，中晚熟品种。该品种清明至谷雨播种，寒露至立冬采收；产量达 500 千克/亩左右；果形长大，25～30 个/千克，皮红色或暗绿色，两角粗长，品质好，淀粉含量多；蒸熟吃较佳；成熟后可采收 2～3 次。

②无角菱。该品种又名南湖菱、和尚菱，早熟品种，始收于 8 月中下旬至 9 月初，每隔 7 天采 1 次，可采 5 次以上；产量可达 70 千克/亩；果实皮较薄，品质好，生吃较佳；果中等大，50～60 个/千克，皮青绿色，四角退化；生长水位宜浅；抗贫瘠、抗风浪能力较弱。

③小白菱。该品种产于江苏省苏州、吴江等地。该品种为中晚熟品种；清明播种，白露到霜降收获，亩产 300～600

千克；果实肉质硬，含淀粉多，宜熟食；果实较小，每果 71～83 克；果皮绿白色，肩角略向上斜伸，腰角细长下弯，腹稍隆起；菱盘小；茎蔓坚韧，生长势强，抗风浪力较强，宜湖荡深水栽培。

④田菱 1 号。该品种为浙江省义乌市土菱经提纯复壮选育而成；果较大，单果重 15.6 克；早熟，大棚栽培 95 天左右可采嫩菱；果皮青白色；果实皮薄、肉脆、出肉率高；嫩菱角宜生食，老菱角宜熟食。

⑤广东青菱。该品种早熟性优于田菱 1 号，大棚栽培比田菱 1 号早熟 10 余天；单果重 15.2 克，果皮青白色，品质较佳。

77.怎样确定菱的栽培季节?

(1)菱生长发育对环境条件的要求

①温度。菱喜温暖湿润，不耐霜冻，必须在无霜期生长。种子在 14℃ 以上和充分潮湿的条件下开始萌芽。植株生长、分枝和形成菱盘以 20～30℃为宜。开花结果期白天保持在 20～30℃，夜间 15℃，有利于光合产物的积累，加速果实的发育，提高产量。

②光照。菱要求光照充足，不耐遮荫；长日照有利于营养生长，短日照有利于开花结果。

③水位。萌芽期水位宜浅，以 20～50 厘米为最适；随着植株的成长和茎蔓的伸长，水位可逐渐加深到 1～3 米。但水位宜逐渐加深或落浅，不耐猛长暴落。

④土壤。菱主要依靠土中根吸收养分，故要求水下土壤

肥沃。液淤泥层达20厘米以上，氮、磷、钾三要素并重，植株才能生长健壮。

(2)菱栽培季的确定

长江中下游，菱在大暑前后初花，立秋白露盛花，秋分寒露进入末花期。果实在处暑白露始收期。从种子发芽到第一批菱角成熟，约需5个月，结果期持续1～2个月。因此，种菱地区，一般要6个月以上的无霜期。在清明前后、气温14℃以上时，菱开始萌芽。从萌芽到菱苗出水约1个多月。

菱有大棚长季节田菱、大棚育苗田菱、露地田菱(采用撒播或育苗移栽)、塘菱等栽培方式。不同的栽培方式其生育期表现各异。长江中下游，大棚田菱1月上中旬播种，5月上中旬开始采收，盛果期6月上旬至10月中旬，终收期11月中下旬。大棚育苗田菱1月上中旬播种，6月上中旬菱开始成熟，10月上旬采收结束。露地田菱4月上中旬播种(可采用撒播或育苗移栽)，塘菱4月中旬播种（新种塘菱采用1米以上大苗移栽或直播，老塘菱一般以落菱翌年自然生长繁殖为主)，二者8月上中旬开始采收，10月上旬采收结束。华南地区，早熟品种在11～12月份发芽，晚熟品种必须经过1～2周7～12℃的低温作用，到1～2月份始能发芽。

78. 菱角良种的标准是什么？怎样选择菱角的播种材料？

(1)菱角良种的标准

菱以种子繁殖。具有本品种特征特性、形态整齐、果形端正、壳薄肉厚、充实饱满、皮色深、种芽完好、无腐烂、无病虫害、无野菱杂草,形大似"元宝"的老熟菱(果实背部与果柄分离处有 2～3 个同心花纹)作种菱。

(2)种菱的选择

生长期选择无病、无野菱杂草、高产为留种片。盛果期精选具有本品种固有特征、形态整齐、果形端正、壳薄肉厚、充实饱满、皮色深、种芽完好、无腐烂、无病虫害、无野菱杂草、形大似"元宝"的老熟菱(果实背部与果柄分离处有 2～3 个同心花纹)作种菱。"底根菱"、"老头菱"不宜留种。从开花到种菱采收共 40 天左右。

菱角留种宜在第三次、第四次采收时(9 月中旬至 10 月上旬)最适宜,即菱角上市后留种片不再采收,过 18 天后采种菱。

79. 如何进行菱的直播栽培?

菱的大田种植分直播和育苗定植两种方式。水深 1.5 米以下的较浅水面,播种后较易出苗,可以直播;若春提早种植或种菱不足时也可育苗栽培。水深 2～4 米 的水面,一般直播出苗困难,即使出苗,也较迟缓,瘦弱纤细,产量较低,可以采用育苗定植。

(1)品种选择

根据栽培地的水深及消费习惯,选择优质、高产、抗病、适应市场的品种。水深 0.3～1.5 米的水面,宜栽种浅水菱品种。种菱应为具有本品种特征特性、果形端正、充实饱满、无病虫害、种芽完好、无腐烂的果实。

(2)大田准备

宜选择水深 0.3～4 米、土质肥沃、风浪较小、涨落平缓的池塘、河湾、低洼水面、湖泊边缘等。水下的淤泥层深度在 20 厘米以上、土壤有机质含量达到 1.5% 以上为宜。种植前应清除菱塘中的野菱、水绵、水草等杂草，每亩均匀施草塘泥等有机肥 3 000～5 000 千克或复合肥 15 千克。

(3)直播

播种前再次清理菱塘，将水中的杂草、水绵、野菱等清除干净。有锥实螺等螺丝的塘沟，可每亩施用 25～30 千克 的石灰，消灭螺害。长江中下游地区一般在 3 月下旬至 4 月初播种。华南地区早熟品种多在 11～12 月份播种，晚熟品种在 1～2 月份播种。播前菱种一般已发芽，芽长不超过 1 厘米为宜。播种时宜均匀条播到秧田中。条播行距 2～2.5 米，每亩播种量 15～20 千克。操作时要注意避免碰断芽头。菱种要保湿，防止干燥，少受损伤，播后易出苗。

(4)大田管理

①水深调节。在水深可控制的地方，开始水深宜保持在 0.2～0.3 米，随着植株的生长，水位逐渐加深，深至 0.8～2 米为宜。水深应涨落平缓，不能暴涨暴落。

②追肥。浅水菱在主茎菱盘形成并出现分盘时，每亩可追施尿素 10 千克左右。将肥料与河泥混合，做成肥泥团，分塞入水下泥中，以防流失。开花结果期，以追施磷肥、钾肥为主。此期菱盘基本盖满水面，宜在无风的傍晚，用 0.2% 的磷酸二氢钾进行叶面喷雾，每隔 10～15 天喷 1 次，进行 2～3 次。深水菱宜根据菱塘的肥瘦，少施或不施肥，也可在花果期叶面施肥，方法同前。

③防治杂草。杂草易在菱的生长前期发生，一般以人工除草为宜。

④通风控温。大棚种菱时，棚内易产生高温高湿情况，当温度超过 35℃ 时菱易开花不结实，湿度过大易发生病害。因此，在大棚种植菱时，要注意通风控温；温度过高时，可将棚膜卷起；一般棚内温度宜控制在 25～30℃。

(5)采收

菱的采收成熟度因用途不同而异。生食采收标准：果已硬化，萼片脱落，尖角显露，用指甲掐刻果皮仍可轻度陷入。熟食采收标准：果已充分硬化，果实与果柄的连接处已出现环形裂纹且极易分离，尖角毕露，放入水中下沉。

长江中下游地区一般采收时间为 6 月下旬至 10 月下旬，每亩产量 500～2 000 千克。大棚种菱的采收期更长，产量更高。采菱时要轻提盘，轻摘果，轻放盘，以防损伤植株。采后应将菱果清洗干净，立即运销，不能久放。如暂时储放，可浸于清水中，置于阴凉通风场所，次日即须上市，特别是生食品种，更要注意护色保鲜，防止高温和日晒。初收期一般每隔 3～4 天采收 1 次；盛期每 2～3 天采收 1 次；后期气温降低，果实发育成熟转慢，每隔 6～8 天采收 1 次。

80. 如何进行菱的育苗栽培？

水深 2～4 米的水面，一般直播出苗困难，即使出苗，也较迟缓，瘦弱纤细，产量较低，可以采用育苗移栽。浅水菱早熟栽培也可选择育苗移栽方式。

(1)品种选择

种菱应选择具有本品种特征特性、果形端正、充实饱满、无病虫害、种芽完好、无腐烂的果实。

(2)苗床准备

育苗秧田宜选择避风向阳、土质肥沃、水深 10～50 厘米、排灌两便的田块。育苗前，应将秧田水面中的浮萍、水绵等清除干净。采用大棚育苗及种植的应提前扣棚覆膜。

(3)育苗

将种菱盛放于容器中，加入薄水层，上盖薄膜晒暖，夜晚加盖草帘保湿催芽；芽长至 0.5 厘米左右时，均匀撒播或条播到育苗池中育苗。大棚种植一般在 12 月中下旬催芽育苗，露地浅水菱宜在 3 月上旬开始催芽育苗。每亩育苗池的播种量为 80～100 千克，可移栽 5～6 亩大田。

深水菱宜在 3 月中下旬开始催芽育苗，每亩育苗池的播种量为 50～70 千克，可移栽 3～4 亩大田。育苗池水位前期一般保持在 10～20 厘米。当菱苗出水后，应逐渐加深灌水，到移栽前 1 周达到与定植水面的水位相等，以使移栽的菱苗能迅速适应深水环境。

(4)定植

菱苗分盘时可进行移栽定植。菱的大田定植，应当天起苗，当天栽植，从育苗池起苗后保湿避光运至大田。一般浅水菱行距 1.5～2 米，穴距 1.5～2 米，每穴栽植菱苗一束，2～3 株，将其插入土中定植。土壤肥沃可稀植，土壤偏瘦可密植。深水菱行距 2.5～3 米，穴距 2～2.5 米，每穴栽植菱苗一束，8～10 株，用菱叉(在长约 5 米的竹竿上装一只小铁叉)将菱束插入水底土中定植。这样使株间靠拢，遇到风浪时可以相互支持，抗风浪能力增强。

(5)大田管理

详见本书“79. 如何进行菱的直播栽培?”中大田管理部分。

(6)采收

详见本书“79. 如何进行菱的直播栽培?”中采收部分。

81.如何进行菱的早熟栽培?

(1)建棚

大棚于1月底播种前建好，宽6米、8米的标准钢架大棚均可选用。竹架大棚因其受光度和抗压能力不如钢棚，较少选用。大棚以南北向为宜，长度一般不超过40米，以方便管理。

(2)品种选择

凡早熟、高产、优质、抗病的菱品种都可选用。要求菱角个大、角短、皮薄、肉厚。嫩菱爽脆多汁，老菱口感粉糯。可选用广东青菱和田菱1号作主栽品种。

①田菱1号。该品种果较大，单果重15.6克；早熟，大棚栽培95天左右可采嫩菱；果皮青白色、皮薄、肉脆、出肉率高；嫩菱宜生食，老菱宜熟食。

②广东青菱。该品种早熟性优于田菱1号，大棚栽培比田菱1号早熟10余天，单果重15.2克，果皮青白色，品质较佳，为重点推广品种。

(3)田块准备

选择有洁净水源、排灌方便、土壤肥沃、有机质含量高的田块。有条件的，选择水旱轮作的田块，水旱轮作有利于改良土壤理化性能，提高土壤肥力。在田块四周垒高0.4米的田埂，内衬薄膜防渗，手工除去杂草，于移栽前15天蓄水，保持水层0.15～0.2米，于移栽前7～10天施基肥。灌水翻耕，清除杂草，耙平田面待播或移栽。

(4)直播

菱大棚早熟栽培一般采用直播方式。直播分撒播与条播两种方法，每亩用25～30千克。撒播的宜拉线划块定量播种，力求匀播。条播的行距1米，拉线播种，株距约40厘米。当菱盘达到5厘米左右时即可定苗。定苗的主要工作是匀苗、补苗，力求达到全苗、齐苗。

(5)育苗移栽

①苗床准备。选前茬非菱田作苗床，播种前翻耕整平田面，每亩施钙镁磷肥50千克作耙面肥。大田与苗床(15～20)∶1。苗床宽1.2米，深0.35米。菱种储存养分较多，为了防止菱苗过嫩，一般育苗田不需施氮素化肥。

②播种。宜选在1月下旬至2月上旬进行播种。播种前3天盖小棚以提高苗床温度。提前1天将菱种取出翻晒，以提高种子活力。每亩大田用种8～12千克，均匀撒播。

③播后管理。播后苗床保持3～5厘米浅水层，并盖好棚膜。出苗后逐渐加深水层到15～20厘米，忌深水满灌，防止菱苗徒长。待齐苗并有3叶1心时，以每桶水加入半勺人粪尿洒施，促生长以利培育壮苗。临近移栽时要逐步开棚炼苗，一般在4月中旬。

④移栽。当菱盘分盘时可进行移栽，若移栽过迟将影响产量。起苗时轻收菱茎，带种起苗。为提高成活率，起苗后要

保湿避光运输,当天起苗当天移栽。移栽大田灌水 15～20 厘米,移栽密度 1 米×1 米,每穴 3 株左右。

(6)田间管理

①施肥技术。基肥于播种或移栽前 5～7 天结合整地时施入,每亩施入猪肥 300～350 千克或腐熟厩肥 500 千克、钾肥 3 千克、过磷酸钙 40～50 千克。连作田应适当减少施肥量。前作为菜田的可少施或不施基肥。

②追肥。菱苗坐果前要慎施追肥,保持菱苗老健可促进开花坐果,调控营养生长与生殖生长,达到早熟的目的;如局部因缺肥致使落黄严重的,可在分盘后 10 天左右追施平衡肥。追肥时先放干田水,后撒肥,待肥粒溶入土中后于次日恢复原有水层。每亩追施尿素 5～10 千克,追肥以下午 3 时后进行为宜。菱盘封垄后(初花期),追肥采用叶面喷施,即用 0.2%尿素加 0.2%磷酸二氢钾混合液,于晴天上午 8～9 时或下午 5～6 时进行叶面施肥,每隔 10～15 天喷施 1 次。

③水浆管理。播后芽前保持水层 3～5 厘米,出苗后逐渐加深水层至 10～15 厘米。定苗或移栽后,田水深度稳定保持在 20 厘米以上,随菱苗的生长逐渐加深水位。忌频繁换水,大起大落。夏季气温高,田水要保持在 30 厘米以上。结果期要注重活水灌溉,以利提高菱果鲜洁度和坐果率。

④菱盘整理。在菱初花期时检查菱田,对菱盘相互密接处进行适当疏理,每平方米保留 20 个左右,剪去多余的小菱盘。被掀翻的菱盘要及时拨正和理顺。高温闷热天气,应于早晚灌入活水,适当翻动菱盘以增加水中溶氧量。

⑤大棚温控技术。从菱苗出水到产生分枝,最适宜的气温为 20～30℃;开花结果以 25～30℃ 为宜;棚温超过 35℃

会影响受精和种子发育，易造成花而不实。在做好以水调温的同时，根据菱苗生长、发育过程和对环境温度的不同要求，及时进行通风揭膜。通风不但对棚内的温度、湿度有调节作用，同时进行了换气，补充了二氧化碳，对增强菱的光合作用、促进菱的生长发育十分有利。当菱从营养生长(4 月中旬)转入生殖生长，棚温达到 30℃，则应撩起大棚两侧薄膜进行通风。通风宜在上午 9～10 时进行，到傍晚重新盖好。到 5 月下旬，随着气温升高，应及时揭去大棚膜，力求棚温保持在 30℃ 左右，以利开花坐果。

⑥病虫草害无公害防治技术。坚持“预防为主，综合防治”的植保方针，坚持“农业防治、物理防治、生物防治为主，化学防治为铺”的无害化控制原则。菱对化学除草剂较敏感，一般不宜用化学除草剂除草。对挺水杂草和野菱采取人工拔除。对槐叶萍、水绵等，利用菱田进水口将硫酸铜随水释放于田块进行毒杀。

(7)采收和选留种

采收前期以采摘嫩菱为主，单盘坐果过多的也要多采嫩菱，每隔 3～5 天采收 1 次。中期以采摘老菱为主，每隔 2～3 天采收 1 次。后期每隔 5～6 天采收 1 次。采收时宜轻提、轻摘、轻放，并防止踩伤菱茎。采后随即整理好菱盘，防止翻盘、叠盘。

选留种的时间，以盛产期的 8 月下旬至 9 月上旬为宜。选种的标准为：具有本品种的形态特征；果实已充分成熟，放在水盆中迅速下沉；果较大，充实，饱满；果形端正，两边对称；无病虫伤斑。菱种宜放在不结冰的活水中储藏。为满足下一年播种，需将 30％左右的损耗数预留在内。

82.如何进行菱的长季节栽培?

菱的长季节栽培指大棚田菱的栽培。1月上中旬播种,5月上中旬开始采收,盛果期6月上旬至10月中旬,终收期11月中下旬,采收期可达200天左右。

(1)品种选择

大棚田菱栽培是一项浅水控温栽培技术,宜选用早熟、高产、优质、抗病、果肉利用率高、生熟食兼用、商品性好的浅水菱栽培品种。

(2)菱田准备

大棚菱田要选择水源充足、水质洁净、水温稳定的田块,最好在大、中型水库排水渠附近,否则会降低大棚田菱的栽培效益。宜采用宽8米、长30米的标准钢架大棚育苗及栽培。

(3)育苗

①选种及储藏。选用皮薄、角细、肉厚、果形一致、大小均匀、四角垂直的菱角留种。种菱喜温暖湿润环境,不耐霜冻,0℃以下易受冻;于11月份左右将种菱装袋放入水深1.0～1.5米的池塘中预藏,温度保持4℃左右,有条件的储藏于清洁、流动的水域中,防止冬季水温过低造成种菱冻害。

②播前准备。播前彻底清除菱田中的杂物及杂草,排干水,进行土壤消毒,深翻整地,每亩施入三元复合肥15千克,待肥料溶解后放水入田,播种菱。

③育苗。11月中旬至翌年3月上中旬选择避风向阳、排灌方便、土质肥沃的田块作苗床;12月中旬育苗大棚扣棚覆膜。每亩大田用种量25～30千克。育苗水位3～30厘米,

水层视生长情况及气温高低而定。2 月底至 3 月初是菱出苗到分枝的关键时期，温度需保持在 13℃以上。一般温度 15℃左右，20～30 天发芽；若天气晴朗，白天温度 15～20℃，10 天即可发芽。发芽后移至繁殖大棚内，茎叶长满田后分苗定植或再繁殖。

(4)移栽

根据菱发芽分枝情况及秧苗密集程度确定定植时间，一般在 3 月中旬；在主茎菱盘形成(主茎上形成的菱盘浮出水面)时即可分苗移栽于大棚，密度以 2～3 株/米^2 为宜。

(5)田间管理

①棚温管理。菱生长适宜温度 20～30℃，开花结果适宜温度 25～30℃。棚内温度超过 35℃，不易坐果。4 月中旬菱生殖生长逐渐旺盛，一般室外温度达 20℃ 时开始通风；棚内温度要控制在 30℃ 以下，同时注意天气变化，露地温度适宜时可将棚膜卷起。

②肥水管理。定植前选晴天将菱田排干水，每亩施入三元复合肥 35 千克、钙镁磷肥 50 千克，2 天后放水入田，以减少草害、病害及残留虫卵。定植后，3 月中下旬正值菱营养生长期，每亩施入三元复合肥 10.0～12.5 千克，以利于植株分枝、分盘。注意肥料不能直接接触菱盘，以防伤叶。植株开花结果期，每亩用 96%磷酸二氢钾 80 g 根外追肥 3～4 次，每次间隔 10～150 天，宜在傍晚进行。定植前期保持水位 15～20 厘米，以利增温；菱盘形成后，特别是初花后，水位保持在 35～40 厘米，并要防止水位大起大落。结果期需肥量大，可根据菱盘生长势确定施肥量及次数。结果期要经常用流动水灌溉，以提高菱果实鲜洁度，同时又可调节水温，提高开花坐

果率,增强菱吸肥能力,增加单果质量。

③植株调整。植株生长初期菱盘分盘少,一般以初花时达到菱盘密接,水面不露空隙为好,菱盘相互密接处应适时疏理,剪去后期生长的小菱盘,保护大菱盘,并及时理顺和拨正菱盘,改善通风透光条件。菱生长过旺时,应及时分苗或再繁殖,否则植株过密,特别是 7～9 月份高温闷热天气,易造成水下缺氧,从而引起落花落果。因此,在菱生长旺盛期要及时活水流灌,调节水温,增加氧气,并通过翻动菱盘、搅动水面,增加水中溶氧量。

④病虫草害防治。菱田杂草主要有油草、青萍(四叶萍)、空心莲子草(水花生)、稗草、异型莎草、水绵、蓼草、野菱等,应及时清除。菱对除草剂敏感,在菱盘还没有封面前长出水面的杂草(油草等挺水杂草)或野菱,主要采用人工拔除;对于浮水杂草如青萍、水绵等采用人工捞除,特别是在梅雨季节要及时打捞,防止其生长过快。可在播种前把菱田水放干,在菱田半干时,每亩用 85% 碱式硫酸铜 0.25 千克兑水 75 千克进行喷施,以达到杀菌除草的目的。

大棚菱主要病害有白绢病、褐斑病。大棚菱主要害虫有菱萤叶甲、叶蝉、斜纹夜蛾、小菜蛾和蚜虫。防治措施可参考本书相关内容。

(6)采摘上市

采收期因用途而异。大棚菱采收前期以鲜食和菜用为主,宜采嫩果,菱角达到六七成熟,果皮呈青白色即可采摘;采收后期以熟食菱肉为主,要求菱果肉充分成熟,果皮呈黄白色后采收,采收后立即清洗销售,以保证菱角新鲜。一般 5～6 天采收 1 次,旺收时 2～3 天采收 1 次。

83.如何防治菱菌核病?

(1)菱菌核病症状识别

菱菌核病从菱盘形成期至盛花期均可发生，主要危害叶片，水中的"菊状叶"或浮出水面的出水叶均可受害。病斑初呈圆形或椭圆形水渍状，后逐渐扩大为不定形，褐色，具云纹，病症部界限明显，病斑日益扩大或连合，导致叶片腐烂或枯死。病部可见菌丝缠绕和由菌丝纠结形成的菌核。

(2)菱菌核病病原菌

菱菌核病由茄丝棱菌侵染引起。病菌主要以菌棱遗落在土中或以菌丝体及菌棱在病残体、杂草或水塘边的其他寄主作物上越冬，在翌年菱角栽培季节，浮于球面或沉于水下的菌核萌发伸出菌丝缠绕叶片侵染致病，成为初侵染源。感病后病部新形成的菌核随水漂流，不经休眠即可萌发菌丝对邻近的健康菱株进行再侵染蔓延。另外，初生病部菌丝也靠攀缠接触邻近菱株而使病菌再传播蔓延。

(3)菱菌核病发病条件

气温在 32～35℃ 时有利病害的发生与蔓延，时晴时雨及高温多湿的天气有利病菌的繁殖和侵染，在长江以南 7～9 月份的高温雨季发病重。连作塘块，地处风口的菱塘，种植过密，薹苗拥挤，偏施过量氮肥，这些均会加重病害发生。

(4)菱菌核病的防治

①农业防治。

其一，轮作。菱与其他水生作物实行 2～3 年轮作，可有效减轻病害发生。

其二，菱塘处理。对排水较好的池塘，菱角采收完后，及时排干水，清除塘内及塘边杂草，让其自然晒垡冻垡，促进底土风化，减少菌源。翌年种植前1个月，放干塘水，晒10天左右，再用50%多菌灵500倍液对塘内表土进行消毒处理，然后再放水播种。

其三，合理密植。菱种植慎防过密而使菱盘拥挤，以免加重病害发生。种植密度因水面条件和品种而异，塘肥宜稀植，塘瘦宜密播；连作塘应稀些，新作塘可密些；水面深时稀些，水面较浅密些；晚熟品种稀些，早熟品种密些。

其四，建菱岸，除草。播种或种植后，应在塘周围及时建扎菱岸，尤对处于风口塘块，务必建扎较高挡风菱岸，防风浪的冲击而传染病害。同时，菱塘内生长的杂草如苇草、水鳖草等应设法经常清除，阻止带菌水草飘到菱群。

其五，科学管理肥水。在施足腐熟有机肥的基础上，适当增施磷钾肥，勤施薄施追肥，避免偏施氮肥。在水层管理上，做到深浅适度，以水调温、调肥，提高菱苗抵抗力。

②药剂防治。发病初期喷药。药剂可选用50%扑海因可湿性粉剂1 000倍液、50%多菌灵可湿性粉剂600倍液或50%纹枯利可湿性粉剂800倍液，花期可喷5%井冈霉素水剂1 000倍液，隔7～10天喷1次，连续防治2～3次。

84. 如何防治菱白绢病?

(1)菱白绢病症状识别

菱白绢病危害不同株龄的出水成叶和浮于水面的果实，造成烂叶、烂果及果实脱落。该病发病初期，在叶的中部或边缘产生灰白色或水渍状的小病斑，随后逐渐变黑、腐烂、穿孔。重者病斑可扩大至整叶，使叶片完全变黑腐烂。叶背病斑处可见蔓生白色菌丝和白色或棕褐色球形小菌核。据观察，在一片病叶上可形 20～60 粒菌核，多的可达 100 粒。果实被害处长有菌丝，导致腐烂或失去食用价值。

(2)菱白绢病病原菌

该病病原菌为小菌核菌，属半知菌亚门无孢目小核菌属。该菌菌丝白色，疏松或集结成线状，紧贴在菱的叶上。当病叶病部将行发黑腐烂时，菌丝体交结形成表生菌核。菌核呈球形、椭圆形或不规则形，大小为(0.5～1)毫米×(0.6～1.2)毫米形似油菜籽，其表面光滑，初期呈白色或浅褐色，组织紧密。菱叶表生菌核，散生或多个聚集成堆。

(3)菱白绢病病原菌的侵染循环与发病条件

该病病菌以菌核作为初侵染源。成熟菌核在菱塘埂土和菱角等残体中越冬，翌年 5 月中下旬(平均气温 23～25℃)萌发长出菌丝，此时正值菱盘形成期，菌丝接触菱出水叶，随即分泌酵素或毒质，使叶表皮层溶解而入侵致病，形成初侵染；也可由越冬菌核直接通过流水等传播媒介传到菱叶片上形成初侵染，在病叶上菌丝形成新菌核，再通过风、雨、水和菱叶甲等传播到健叶，经 1～3 天形成新菌丝再次侵染。当菱植株密集时也可通过病叶接触传播。9 月中旬以后随着气温下降，菱叶老黄，病害随之减轻，形成的次生菌核随杂草或菱角残体转移到塘埂处越冬。

菱白绢病在高温高湿条件下，发病迅速，危害严重。据我们试验观察，该病发病温度为 13～38℃，最适温度为 33～

35℃;菌核在 30～38℃下经 1～3 天即可萌发;从菌核萌发至新的菌核出现需 3～7 天,从菌核形成至老熟需 3～9 天;7 月中下旬至 8 月上中旬为全年发病高峰期,高温、大雨或连阴雨后的初晴天有利于该病发生。此外,凡菱生长茂密、塘埂杂草丛生、菱塘串灌漫灌、虫害严重以及连作老菱塘发病严重。

(4)菱白绢病的防治

该病的防治以农业防治为基础,在发病初期采用喷药保护和发病期施药治疗等综合措施,才能有效地控制其危害。

①越冬防治以减少菌源量。在越冬前放浅菱塘水使病菌在菱塘越冬部位下移,并铲除塘埂杂草,清理菱角残体、残渣,以减少越冬场所。在翌年 2 月份前后灌深水,保持深水层 60 天以上,窒息菌核萌发,同时打捞塘内的菱角残渣,减少有效菌源。4 月下旬,菱苗出水前,在四周塘埂,每亩撒生石灰 50～75 千克,以消灭菌源。

②加强菱生长期间管理。4～5 月份,在菱塘周围拔除菱株,留出宽 1.0～1.5 米防护带,防止塘埂越冬菌源接触菱叶入侵危害。及时清除网上有机残体,可部分阻止上游菌核传入菱塘。加强菱塘水肥管理,防止串灌漫灌。控制菱叶甲等害虫的危害,以提高菱的抗病能力。

③化学防治。以药剂保护为主,辅以药剂治疗。历年发病严重的菱塘于 5 月底、6 月初用药剂在防治带内 2～3 米宽喷药预防 2～3 次。如发生降雨漫灌,及时排水。7～8 月份,病害大发生初期,普施药剂 2～3 次,每次施药间隔 5～6 天,25% 的瑞毒霉可湿性粉和 25% 的多菌灵可湿性粉防效最佳。

85. 如何识别与预防菱萤叶甲?

(1)菱萤叶甲特征特性

菱萤叶甲不耐高温,抗寒力弱,发育适宜温度为 20～32℃。越冬成虫在 −4～−5℃ 时经 24 小时 死亡率 20%,−6～−11℃ 经 5 h 死亡率高达 100%。雨水对此虫有明显冲刷作用,在降水 4 毫米/小时的强度下,低龄幼虫冲刷致死率高达 50%。每年 7 月下旬,田间常受高温、暴雨等因素的影响,虫口密度下降。

(2)菱萤叶甲世代交替

菱萤叶甲以成虫在茭白、芦苇和水花生及游草等杂草丛残株或塘边大缝等处越冬。翌年 3 月中旬天气转暖后,越冬成虫开始活动。当菱盘和莼菜叶出水面后,越冬成虫就迁入取食,食后 1 天卵巢即可发育,过 3～4 天后交尾产卵。

常年发生 7 代,世代重叠。第一代为 5 月初至 6 月上旬,第二代为 6 月上旬至 7 月上旬,第三代 6 月底至 7 月中旬,第四代为7月中旬至8月上旬,第五代为8月上旬至9月上旬,第六代为 8 月下旬至 9 月下旬,第七代为 9 月下旬以后。10 月底成虫陆续迁至越冬场所。6 月中旬至 7 月中旬,2～3 代时虫口数量多,为害最重,时值菱开花结果期。

(3)菱萤叶甲的危害性

菱萤叶甲是菱毁灭性的害虫,幼虫和成虫蚕食叶片,轻的形成大量孔洞,影响光合作用;严重时则食尽全部叶片,仅剩叶脉,使菱塘一片枯黄,减产 60%以上,甚至无收,并使品质降低。

(4)菱萤叶甲的防治

①农业防治。采收菱角后及时处理老菱盘,可大量杀死菱萤叶甲,虫害率由未处理的55.5%降至5%。冬前烧毁菱塘边的杂草及茭白残体,可压低越冬虫口密度,使虫害率由50.5%降至22.5%。适时(6月中下旬)移栽,使虫害时间缩短,虫害率仅为26.5%,而直播菱塘虫害时间长,虫害率高达51.5%。

②化学防治。用90%晶体敌百虫1 000倍液、40%乐果乳剂1 500倍液、20%氰戊菊酯2 000倍液分别喷雾,防治效果依次为85.0%、80.0%和81.5%。

防治菱萤叶甲应以农业防治为主,辅以保护天敌和药剂防治;主治第二代,补治第三代,重点对直播、生长嫩绿、虫口密度大的菱塘用药。化学防治以90%晶体敌百虫1 000倍液喷雾效果最佳。

86. 如何识别与预防菱角紫叶蝉?

(1)菱角紫叶蝉症状识别

菱角紫叶蝉属同翅目叶蝉科。成虫体长4～5毫米,体紫色;头顶部有2个小黄斑点,两边各有3～5条褐色横纹;前翅紫色;腹部黄白色,卵长1毫米左右,香蕉形,一色透明,卵帽长条形,随着卵发育而渐变黄。若虫体呈紫色,腹部背面节间处及腹部色浅。若虫计5龄。

(2)菱角紫叶蝉发病规律

菱角紫叶蝉以成虫、若虫刺吸菱角、茎、叶片。卵产在菱叶柄的通气组织内,长条形卵帽外露。该虫发生世代重叠,可初分为 6 代。第一代 5 月初;第二代 6 月上旬至 7 月初;第三代 7 月上旬至 7 月下旬;第四代 7 月下旬至 8 月下旬;第五代 8 月中旬至 9 月中旬;第六代 9 月中旬至 10 月下旬。以 7 月初至 8 月下旬虫量较多,为害最重。

(3)菱角紫叶蝉的防治

7～8 月份是菱角紫叶蝉为害高峰期(第二代、第三代、第四代)。及时清除菱塘周围的莎草科杂草。冬前烧毁茭白、芦苇残茬,秋后处理好老菱盘,并在菱塘周围做好泥浆封闭,减少菱萤叶甲、菱角紫叶蝉越冬基数,压低当年发生量。防治菱角紫叶蝉必须采取狠治 2～3 代、补治 4 代,控制危害高峰,重点抓好 7～8 月份的药剂防治工作。以 90% 晶体敌百虫 1 000 倍、40%乐果乳油 1 500 倍液或 20% 杀虫畏 500 倍液喷雾。

87.菱角如何留种?

(1)留种田的管理

每年 4 月中旬进行篦菱清理菱田,清除“底根菱”和“老头菱”。其具体方法为:二人一船,一人摇船,一人用竹制菱耙,将菱秧篦起,多次重复,直至去除野菱和杂草等。生长期间经常翻菱盘,除野菱,去杂草,结果后及时拔除生长过旺的“牛劲菱”。

(2)留种时期

菱角留种宜在第三次、第四次采收时(9 月中旬至 10 月上旬)最适宜,即菱角上市后留种片不再采收,过 18 天后采种菱。选择具有本品种固有特征、形态整齐、皮色深、无病虫害、壳薄肉厚、充实饱满、形大似"元宝"的老熟菱(果实背部与果柄分离处有 2～3 个同心花纹)留种。"底根菱"、"老头菱"不宜留种。从开花到种菱采收共 40 天左右。

(3)种菱的采后储藏

种菱采收后,为防止变质,须当天放入"菱箱"储藏。"菱箱"即在村旁湖水中,用小竹围成长方形一圈,长 3～4 米,宽 1～2 米,每箱可装菱 2 500 千克左右。1 个月后,菱壳外果皮腐烂,取出洗净,再去劣装入藤框,当天吊在"菱箱"于流水中储藏,水中温度稳定,可防止冻坏失水,保持种菱不变质。考虑到菱种在储藏中会有 30%的损耗,故留种量应比来年实际播种量适当增加。

六、海蓬子的生产技术

88. 什么是海蓬子？

海蓬子（图 20）为一年生双子叶草本植物，在植物学分类中，属藜科海蓬子属，又称盐角草属，在盐生植物分类中，属于肉质化真盐生植物。

图 20　北美海蓬子

海蓬子自然条件下生长于北美洲温带及亚热带地区（北纬 24°～42°）的海滨及内陆盐沼中；植株呈伞形，高 20～100 厘米；茎呈灰绿色或紫红色，直立，多分枝，有节；在茎末端形成果穗、孕育种子；主茎挺直而粗壮，侧枝分布均匀；叶片退化成鳞片状，对生，长约 1.5 毫米，基部连合成鞘状；穗状花序，顶生，圆柱形，绝大多数果穗都生长在肉质茎上部 1/3 处；花小，两性，花被合成口袋形，开花后膨大，边缘扩大成翼状；角果呈棍棒形，丰满而充实（是鲜食的主要器官），下端略粗，形似出土的春笋；单株角果鲜质量 2～3 千克；种子呈圆形，深褐色，皮近革质。

海蓬子耐盐性极强，耐盐力超过海水盐度的 20%～40%，耐盐极限达到 5% NaCl 浓度；嫩茎中的可溶性盐分含量高达 37%（干质量百分比）。据 Joel Millman 报道，北美海蓬子是世界上第一种完全用海水浇灌的商业化食品。

89. 怎样确定海蓬子的栽培季节？

海蓬子种子发芽的最佳温度是 15～25℃，生长适温为 25℃ 左右。在我国南部沿海，如广东、广西、海南等适宜海蓬子生长发育的时间为 3～10 月份，因此，自然状态下一般在每年的 2～3 月份播种，5～6 月份开花，8～9 月份采收成熟种，全生长期 210 天左右，但品种间有差异。利用塑料大棚生产海蓬子，播种期可提早到 1 月中旬。

生产上，海蓬子的适宜栽培季节应根据当地气候特点作适当调整。辽宁省大连、江苏省连云港等海域小拱棚地膜覆盖育苗在 4 月初播种，4 月底左右定植。江苏、浙江、上海等长江三角洲地区海域于 3 月初播种育苗，3 月底至 4 月初定植。作蔬菜用的海蓬子，一般在其营养生长期（7～8 月份）采收幼嫩茎叶和未成熟籽荚，鲜食或制作腌菜。

90. 目前生产上海蓬子有哪些主要品种?

北美海蓬子依据其植株生长形态可分为不同类型。有的类型分枝角度几乎为 90°,而有的类型分枝角度仅为 5°;有的类型分枝节位低(第一节至第三节),有的类型分枝节位高(第四节至第六节);有的类型株高只有 20 厘米,而有的类型株高可达 60 厘米以上。

目前,生产上使用的海蓬子品种类型主要有以下几种:

①HP-2。该品种株型直立、紧凑,分枝角度小,生长势强,适宜密植栽培。

②SOS-7 品系。该品系为美国亚利桑那大学环境研究室及国际海蓬子公司于 1986 年选育的大粒高产品系。

③SOS-10 品系。该品系为美国亚利桑那大学环境研究室及国际海蓬子公司于 1989 年育成的优良品系。

91. 海蓬子种子特性有哪些? 良种的标准是什么?

(1)海蓬子的种子特性

海蓬子的种子具有明显的休眠特性,休眠期约为 90 天。有研究结果表明,海蓬子种子平均发芽率较低,最高平均发芽率在种子储藏 95 天时为 60.44%,储藏 95 天后发芽率普遍明显下降;采收黄熟种子储藏比过熟种子储藏更有利于延长种子寿命。种子通过休眠期后,脱粒处理会使种子发芽率迅速下降,而未经脱粒的果穗储藏较为有效地延长种子寿命。

(2)海蓬子良种标准

生产上海蓬子以种子进行繁殖。应选择籽粒饱满、基本呈圆形、深褐色、干燥、无杂质、无霉变的新种子作为播种材料。

92.海蓬子生产应掌握哪些关键技术?

(1)地块选择与整地做畦

实践经验表明,由于水分蒸发后会使盐浓度升高甚至达到饱和析出结晶,因此,海蓬子种植应选择水分保持能力较差的沙质土(沙、泥比例为 7∶3 左右)为宜。同时,北美海蓬子生长过程需大量海水高频率灌溉(每 1～2 天灌溉 1 次),如果将浇灌频率降低到 3 天或更长时间 1 次的话,产量会明显下降。因此,栽培海蓬子需配建蓄水池或直接利用海水灌溉。

生产上海蓬子栽培选择排水方便、有海水浇灌条件、土壤 pH 值为 7 左右的沙质土地块。种植前清除杂草,深翻土壤,精细耙平。做畦,畦宽 2 米;畦间做沟,沟宽 30 厘米,沟深 15 厘米;环田作沟,沟宽 50 厘米,深 30 厘米;做到沟沟相通,以利及时排灌。

(2)播种育苗

南方沿海地区育苗一般在 2 月底进行。苗床选择土层深厚、pH 值为 7 左右、土质疏松的壤土。播种前浇足底水并渗透土壤后,将海蓬子的种子施于土壤的表面,并轻轻盖上 2 毫米厚混合土,加盖稻草、芦苇等保温保湿,最上层用地膜覆盖,最后架设小拱棚并覆膜,促进发芽,保证全苗、壮苗。出苗后撤拱揭膜。每亩播种 1 320 g，分畦分量，均匀撒播；120 g 种拌细沙 2 千克，约播 60 米^2。

海蓬子苗期 20～30 天。种子播下后 1 周以内以雾状喷洒淡水为主，出苗后可用少量海水喷洒，应保持土壤湿润。出苗后每天早上 7 点钟和下午 4 点钟喷洒海水各 1 次，水珠不能太大，出水不能太猛，防止冲走种子或冲伤幼苗。

海蓬子生产上直播种植也较广泛。每亩用种 1.5～2.5 千克，1∶3 拌细沙均匀条播；以采摘嫩茎为栽培目的，每亩用种 2.0～2.5 千克；以采收种子为栽培目的，每亩用种 1.5 千克。采摘嫩茎会延缓海蓬子种子成熟，并降低种子产量。

(3)定植移栽

当小苗长到 3～4 厘米时，可以定植到滨海盐碱地或滩涂上，利用海水灌溉或直接利用海潮的涨落灌溉。定植时苗不宜过大，否则成活率低。定植时苗应用遮阳网遮阳，避免阳光直接照射。定植后要经常用盐水浇灌，以提高小苗的抗盐能力，促进生长。

春季定植，密度一般为 30 厘米×30 厘米。移植时要做到苗正、苗周围土壤紧实并及时浇水。定植后必须对种植田严加管护，防止牲畜啃食、践踏，保证幼苗成活及前期正常生长。

(4)田间管理

海蓬子苗期浇水宜淋不宜灌，生产上采用喷雾，以防土壤板结，影响根系生长。定植还苗后开始进入生长旺盛期，是需水最多的时期，采用海水漫灌，每天 1 次，畦面水深 2 厘米为宜，水可停留 1 小时后排放出去；在气温高时，不宜浸水过长，防止水温过高烫伤幼苗；在连续降雨后应尽快排干雨水。当苗根扎深后，海水漫灌次数应逐渐减少至 2 天 1 次，保持土壤湿润；雨后排干积水，保持一定的土壤盐分。生长后期水分过多，影响结籽成熟，因此，应适当控制水分。

施肥以基肥为主，每亩用进口复合肥 25 千克、人畜粪 750 千克或有机肥 200 千克、过磷酸钙 20 千克，作为底肥。追肥应在出苗 1 周后开始，以氮肥为主，每亩施尿素 2.5～4.0 千克；幼苗长大后可加量，每 10 天追肥 1 次；在出苗后 50 天补过磷酸钙 1 次；每亩施 30 千克。追肥应在晴天下午喷施，追肥的原则是两头轻、中间重。进入开花期，根据生长情况，为提高抗病虫害、抗倒伏的能力，及时施用有机肥，花期结束后停止。

(5)病虫害防治

在 8 月中下旬防治菜青虫，目前未发现其他病虫害。

(6)及时采收

海蓬子全生育期 210 天左右，亩产约 2 000 千克；一年双季，亩产可达到 4 000 千克。可根据市场需求，株高 15 厘米时可采收幼嫩茎叶；根据长势，20～40 天采收 1 次。供鲜食的嫩角果(棍棒形茎叶)可收 2 次。当大部分穗由绿变黄时，应分别采收，成熟一株收割一株，提高种子质量，保证产量。一般每亩可产种子 140 千克左右。

93. 如何进行大棚海蓬子生产?

(1)培育壮苗

选择地势较高、含盐量较高、排灌水方便、光照条件好的盐碱地建育苗大棚。海蓬子的育苗播种时间为 1 月中旬，采用营养钵育苗，电热线加温。播种前浇足底水，精细播种，每钵 2～3 粒种子；覆土要均匀，一般 2 毫米厚为宜；覆盖地膜加小棚保湿、保温，最外层覆盖大棚膜。出苗前日夜通电加温。出苗后床温保持 25℃ 左右，苗期管理主要是温度的调控、拔草、间苗、分株假植。

(2)定植

海蓬子大棚栽培定植时间为 2 月中旬，一般在苗龄 30 天左右、3～4 片真叶时定植。定植前要施足基肥，每亩用复合肥 25 千克、人畜粪 750 千克，整平畦面后盖好地膜；定植前按株行距 35 厘米×60 厘米在畦面上打孔，定植后浇足活苗水，一般以海水为主，若不方便可浇 1% 的盐水，严格覆盖地膜，架小拱棚，大棚封棚保温。

(3)田间管理

大棚海蓬子田间管理主要是温湿度的管理。定植前 1 周应无需通风透气，主要是保温保湿，促活苗。定植活苗后保持棚内温度不低于 25℃，气温高于 25℃ 时及时揭膜通风，直到 4 月下旬、气温稳定在 12℃以上，进行 3～4 天炼苗后揭膜露天栽培。

(4)肥水管理

一般重施基肥，开花期每亩施尿素 7.5 千克。海蓬子对水的要求特别敏感，在活棵后 10～15 天必须浇一次海水或 1%的盐水。

(5)光照管理

多层覆盖对光照有一定的影响，在生长期间应结合温度调控，及时揭膜通风换气，促使海蓬子正常生长。

(6)及时采收

大棚海蓬子 7～8 月份即可采收嫩角果供鲜食。当大部分穗由绿变黄时，应分别采收，成熟一株收割一株，提高种子质量，保证产量。

七、海英菜的生产技术

94. 什么是海英菜？

海英菜俗称碱蓬、盐蒿子（图 21），是中高盐性盐生植物的一种；在植物学分类中，属石竹亚纲石竹目藜科碱蓬属中的一年生草本双子叶植物。海英菜株高 30～150 厘米；叶通常互生，排列稠密，圆柱状或半圆柱状，较少力棒状，无柄，肉质，

图 21　海英菜

灰绿色,先端尖锐,光滑或微被白粉;茎直立或平卧,多分枝,无毛或稀有短柔毛;花两性,有时兼有雌性,腋生,雄蕊 5 枚,柱头 2～3 (5) 裂,单生或数朵簇生于叶腋的短柄上,花被 5 片,呈聚伞状;子房卵形或球形,小苞片鳞片状;胞果为花被所包围,果背面具瘤状、角状或横生的狭翅状附属物;成熟的种子细小,呈黑亮色,横生或直立;胚螺旋形,无胚乳。

95. 怎样确定海英菜的栽培季节?

海英菜喜温暖,正常生长最低温度不低于 5℃,最高温度不高于 40℃,最适温度 15～25℃。海英菜抗逆性强,耐湿、耐盐、耐瘠薄,在 NaCl 含量 0.031%～4.356% 的土壤上能正常开花结实,在 1.5%～6.0% 盐度的海水中可以正常生长,最适生长海水盐度为 1.2%～1.8%。适宜栽培土壤为 pH 值为 8.2～9.5 沙土和沙壤土。在渠边、河谷、潮湿地段和土壤极其瘠薄的盐滩光板地均能正常生长发育。海英菜分布于我国华中、华东、华北、西北、东北以及朝鲜、日本、蒙古及俄罗斯 (西伯利亚、远东地区) 等地区。

海英菜栽培季节应根据当地温度条件作适当调整。南方沿海地区春播露地栽培一般在 1 月下旬至 2 月下旬播种,8 月中下旬大量开花,9～10 月份结籽,10 月下旬至 11 月上旬种子成熟。秋播宜在 9 月下旬至 10 月下旬播种,在塑料大棚等设施条件下越冬后,翌年 1 月份采摘嫩茎,一直可采收到 4 月份。

96. 目前海英菜栽培上有哪些主要品种？

海英菜喜温暖，耐贫瘠、潮湿环境，是典型盐生植物。海英菜约 100 种，广泛分布于世界各地的湖边、荒漠、海滨及盐碱土地区。我国有 20 种，在南方沿海各省、北方各省及新疆等地均有生长。海英菜在盐碱湖周围和在盐碱斑上多星散或群集生长，可形成纯群落，也是其他盐生植物群落的伴生种；在江苏省东部是黄海海岸带植物群落的优势种群，生长于盐田及海岸，种群单一，生物量大。

海英菜多为野生自然种，目前经人工长期驯化栽培的主要品种有碱蓬、盐地碱蓬、南方碱蓬、翅碱蓬等。

97. 海英菜良种的标准是什么？怎样选择海英菜播种材料？

海英菜生产上用种子进行繁殖，应选择籽粒饱满、呈黑亮色、干燥、无杂质、无霉变的种子作为播种材料。

海英菜一般情况下在南方沿海地区 10 月下旬至 11 月上旬种子成熟。种子在植株上由下而上依次成熟，因此，生产上由下而上采摘海英菜成熟果实，并选择大而饱满果实，将种子从果实内脱出，在阴凉处风干、干燥，去除杂质及不符合标准种子，然后保存待来年播种用。

98. 海英菜栽培应掌握哪些关键技术?

(1)播种育苗

①苗床准备。海英菜育苗床应在12月底前后进行深翻、晒垡,翻耕深度以20～25厘米为宜。播种前1周将腐熟的有机肥(畜、禽粪)均匀地铺撒畦面上,用量为2 000～2 500千克/亩,然后再翻耕入土15厘米,开沟做畦备用;一般畦面宽1.0～1.2米,沟宽20～30厘米,沟深20～30厘米。

②播种期及用种量。南方沿海地区春播露地栽培一般在1月下旬至2月下旬播种,秋播宜在9月下旬至10月下旬播种。育苗移栽用种量约为1.0千克/亩;大田行种直播用种量为0.5～0.6千克/亩;大田点播用种量为0.4～0.5千克/亩。

③种子处理。春播种植,宜选籽粒饱满、干燥无杂质、无霉变种子,晾晒1～2天,将种子先用28～32℃温清水浸2～3小时,再用75%百菌清600～800倍液浸30分钟,或用高锰酸钾800倍液浸15分钟,用清水冲洗数遍后晾干。秋季种植可按春播种子消毒处理方法对种子先行消毒处理后,再用28～32℃的温清水浸种8～12小时,之后清水冲洗2～3分钟,沥干置于0～5℃的低温环境下处理72～96小时,可促进萌发,提高出苗整齐度。

④播种。海英菜种子细小,播种前将种子与细土按1∶5的比例拌匀备用。拌土混匀的种子直接均匀地撒播于畦面,播后轻揉畦面,使种子深度达0.3～0.5厘米。

⑤苗期管理。苗期温度一般控制在5～25℃,湿度一般

控制在60%～70%。播后3～4天进水漫灌环水沟4～8小时，以不超出畦面为限，然后放掉环水沟中的水。通常情况下，7～15天浇1次水；每天通风1次。一般2月中下旬播种后10～20天种子萌发。当直播苗有6片真叶，株高达3～5厘米，有3个节间时，就可以采用择优去劣的方法进行疏苗，同时在未出苗的空白处补苗，以确保基本苗数在每亩1.8万～2.0万株。

(2)大田准备

在12月底前后进行深翻冻垡，深度20～25厘米，并做好田间三沟配套，即围沟、畦沟、横沟；三沟配套，沟沟相通，雨后沟里不积水，干旱时又可进行沟灌。小苗定植前1周将腐熟的有机肥（畜禽粪）均匀地铺撒畦面上，用量为2 000～2 500千克/亩，再用机械翻耕入土20厘米；然后开沟做畦，一般畦面宽1.0～1.2米，沟宽2.0～3.0厘米，沟深20～30厘米。直播种植的于播种前1周做好同样的田块、畦面整理工作。

(3)定植

海英菜苗龄40天及3月中下旬植株约有3个节间时进行大田定植。一般大田行播行距为30～35厘米，点播株行距为25厘米×35厘米，每亩5 000穴，每穴1～2株，基本苗控制在每亩0.8万～1.2万株。定植后及时浇足活棵水，可采取跑马水漫灌的办法。

(4)田间管理

①水浆管理。海英菜属盐生植物，性喜盐湿，要求土壤有较好的水分条件，但因其茎叶肉质，又能忍受短时间内的一定干旱。生产上对大田种植的海英菜实行全海水灌溉，不影响

其正常生长，但为改善其口感，提高植株商品性，可采取海水—淡水交替灌溉的方法进行灌溉。一般在海英菜植株生长前期、中期全海水灌溉，采收之前 15～20 天淡水灌溉，既可保持原有品质，又可降低植株体内盐分。

②植株调整。当幼苗长至 13～15 厘米、8～9 个节间、4～6 对分枝时，就可以进行打顶（一般苗龄 85 天左右），以促进植株分蘖，使有效分枝达每公顷 300 万～450 万个。

③病虫害防治。海英菜整个生长期间，极少发生病虫害，基本无需喷洒农药。但特殊情况下，如局部地区出现偶发性虫害并达较高密度时，可使用生物农药 1.1% 阿维菌素 1 500～2 000 倍液喷施；发生病害时可及时拔除病株带出田外，严重时可在发病中心四周喷施 25% 使百克 1 000 倍液或 75% 百菌清 1 500 倍液进行防治。

(5)采收

当海英菜的植株分枝长达 13～15 厘米时选晴天 9 点 30 分至 11 点 30 分或 14 点 30 分至 16 点 30 分时进行采收。

99.海英菜栽培上如何进行植株调整?

海英菜生产上以采摘其鲜嫩枝头为目的，因此，生产上应通过植株调整促使海英菜植株分蘖。其具体方法为：当幼苗长至 13～15 厘米、8～9 个节间、4～6 对分枝时，进行打顶（一般苗龄 85 天左右），以促进植株分蘖，使有效分枝达每亩 20 万～30 万个。

100. 海英菜栽培上应如何施肥?

(1)粪堆肥的制备

每年10月份将禽畜粪肥运至田头堆积并加以覆盖增温，12月底翻堆1次，检查腐熟程度。当粪肥呈黑泥状、并释放出氨臭味及外部特征为“黑、烂、臭”时，即达要求。

(2)粪沤肥的制备

畜禽原粪进入粪池经过3个月的沤制，即可稀释用作追肥。沼气池粪液可直接稀释后用作追肥。

(3)施肥

海英菜生长前期，肥料供应主要以基肥为主，不用另外施肥。海英菜生长中期、后期，一般要进行追肥。追肥方法为以海水冲灌腐殖质粪肥至与畦面相平；施肥周期一般在30～50天，特殊天气根据海英菜的具体生长及采摘情况而定。

101. 采收海英菜时应注意哪些问题?

(1)采收时间

露地海英菜栽培始收期一般在4～5月份，每隔15～20天采收1次，一般采收期可延续至8月底。早春大棚栽培采收始期可提前至1～2月份。当海英菜的植株生长茂盛、色质深绿、水分充足、分枝长达13～15厘米时即可采收。每次采摘应选晴天9点30分至11点30分或14点30分至16点30分时进行。海英菜8月中下旬大量开花，9～10月份结籽，10月下旬至11月上旬种子成熟，此时应进行种子采收、晾晒。

(2)采收方法

采收海英菜时,应用剪刀剪取植株的嫩枝头,剪取的长度一般在 5～7 厘米。采收时应注意阴雨天时不能采摘;有露水时不能采摘,枝头不肥时不能采摘;采摘的长度要控制在 5～7 厘米。海英菜种子在 10 月下旬至 11 月上旬成熟,种子由下往上依次成熟,因此,采收种子时也应由下而上。成熟后的种子易脱落,要做到适时收获。

(3)采后管理

采摘好的海英菜嫩头要及时储藏保鲜,不可长时间被风吹,不可日晒。采后 1～2 天应及时追施有机肥,每采摘 1 次鲜菜追施尿素 5 千克/亩,促进分枝再生,进行循环采收,提高鲜菜产量。

八、海芹菜的生产技术

102. 什么是海芹菜？

海芹菜也叫海芥菜、裙带菜（图 22），属褐藻门褐子纲海带目翅藻科裙带菜属。海芹菜在我国宋代的《本草》上称莙荙菜，音变成裙带菜。另外，这种海藻的叶片作羽状裂，也很像裙带，故又名裙带菜。

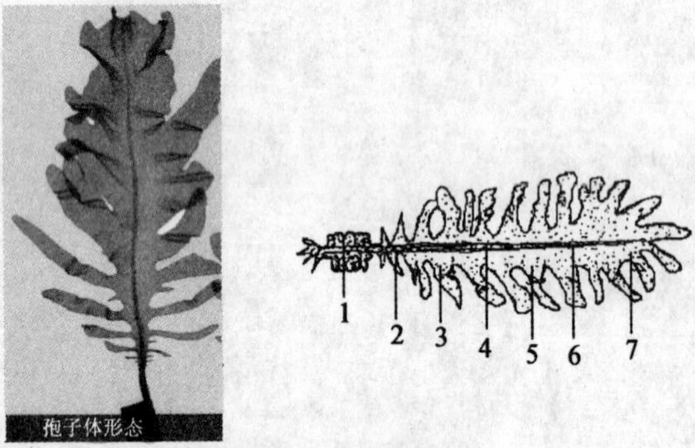

图 22　海芹菜

1. 孢子叶　2. 茎底部　3. 叶底部　4. 茎中部
5. 叶中部　6. 茎顶部　7. 叶顶部

海芹菜为温带性海藻。它能忍受较高的水温，自然分布在俄罗斯太平洋沿海,日本,朝鲜半岛海岸和中国北部沿海。我国自然生长的海芹菜主要分布在浙江省的舟山群岛及嵊泗岛。现在山东省青岛市和辽宁省大连市也有海芹菜的分布,实际是早年先后从朝鲜和日本移植过来的。

海芹菜是一种大型的经济食用海藻,营养价值很高,含粗蛋白 11.16%、粗脂肪 0.32%、碳水化合物 37.81%、灰分 18.93%以及人体必需的多种维生素和矿物质。海芹菜藻体黄褐色,长 1.0～2.0 米,宽 0.6～1.0 米,分为叶片、柄部和固着器三部分。固着器发达,为叉状分枝,尖端稍微膨大,基部扁平,中间隆起,用于固着藻体。柄部的边缘有狭长的翅状突起,突起由于生长速度较快,形成了宽大的褶状结构,并延伸到叶片;最后柄部为木耳状的孢子叶所包被;孢子叶肉厚富含胶质,滑泽有光。叶片幼时无缺刻,以后在生长点的两侧出现锯齿状突起,最终形成羽状深裂的叶片。掌状的叶片是藻体的主要部分,两侧分别生有十几条裂口是其最主要的形态特点。另外,成熟的海芹菜在柄的两侧生有木耳状的孢子叶也是一个明显的特征。

103. 怎样确定海芹菜的栽培季节?

海芹菜为异型世代交替藻类(图 23),孢子体发达配子体退化,人食用的即为二倍体的孢子体。自然分布的北限为冬季水温 2℃ 以上及南限为冬季水温 14℃ 以下的广阔区域内。

配子体生长的适温范围为 18～22℃,20～22℃ 为配子体成熟时期,23℃ 以上为配子体度夏阶段;光照以 3 000 勒克斯为宜。幼孢子体生长的适宜温度为 21～18℃;在 3 000 勒克

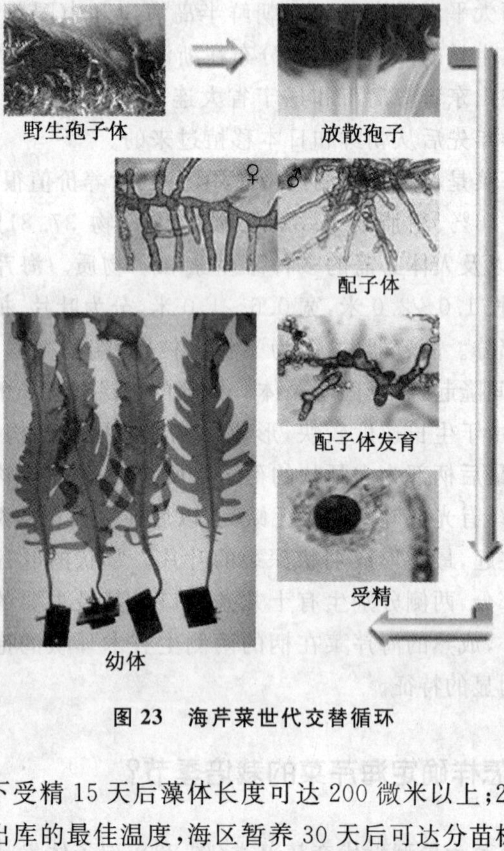

图 23　海芹菜世代交替循环

斯照度下受精 15 天后藻体长度可达 200 微米以上;20℃是幼孢子体出库的最佳温度,海区暂养 30 天后可达分苗标准。

在辽宁和山东两省,每年的 2～6 月份是海芹菜孢子叶形成和发展的时期,生长和发育最快的时期为 3 月下旬至 4 月中旬。孢子叶着生在孢子体的带柄周围。在 4～6 月份,成熟的孢子叶上形成许多单室孢子囊,孢子囊经过减数分裂产生大量的游动孢子。孢子经短暂的游动便附着形成配子体,约在9月份雌雄配子体上分别产生卵子和精子，二者结合形成合子，10～11月份可观察到海芹菜的幼孢子体，第二年的6月份长成成熟的孢子体。因此，生产上最佳采收食用的季节为2～3月份，藻体较嫩，品质较好。

104. 海芹菜生产有哪些主要品种？

海芹菜为温带性海藻。在我国，纬度的不同，大大影响了海芹菜形态的变化。"北海型种"海芹菜生长在高纬度北方地区，羽状裂片较深接近中肋，柄部较长，孢子叶生于柄的基部。"南海型种"海芹菜生长在低纬度地区，羽状裂片较浅，柄部较短，孢子叶接近叶部。

在我国，海芹菜只有一个种。该种是北太平洋西部特有的暖温带海藻，自然分布在浙江省舟山群岛和嵊山群岛。

105. 海芹菜良种的标准是什么？怎样选择海芹菜播种材料？

海芹菜良种的标准为：植株生长健壮，叶片厚，大小适中，色泽黄绿，叶肉弹性较强，品质佳，孢子叶较少，能适应较广范围的海水温度。

生产上，在海芹菜采收期选择符合良种标准的海芹菜做标记，待其孢子叶成熟时采收孢子叶，在特定海芹菜养殖区制孢子水，采用人工育苗的方法育苗。

106. 怎样确定海芹菜育苗期？如何进行海芹菜育苗？

海芹菜育苗与养殖在我国始于 20 世纪 40 年代；20 世纪 60 年代开始进行自然条件下的人工育苗；20 世纪 80 年代末以来，随着海洋生物技术的发展，开始采用细胞工程进行人工育苗。我国在 1993 年成功地推广了这项育苗新技术。

海芹菜一般在夏季(7～9 月份)间温度适应的海域进行育苗。育苗器为直径 3.0 毫米维尼纶绳绕在长 80 厘米、宽 60 厘米的长方形聚乙烯框架制成的苗帘，苗绳长度 110 米。

(1)半人工育苗

半人工育苗为人工采孢子、海区育苗的育苗方式。使用维尼纶绳采苗孢子水，最适浓度为 60 个/视野(×100)，附着时间为 2 小时以上，然后将附着孢子的维尼纶绳转移至人工养殖场的浮筏上育苗。但由于育苗一般在夏季(7～9 月份)的自然海区进行，杂藻、贻贝、海鞘等附着生物的大量附着使得在海区育苗中优良栽培品种易与当地野生种自然混杂，导致优良性状难以维持，严重地影响了海芹菜栽培的产量和质量。现较少应用。

(2)人工育苗

①孢子水制作。按放散池水体不同有两种制作方法。一种是孢子水过滤法。此法适用于水体较小的玻璃钢水槽和小型水泥池。方法是将孢子叶放入水池(槽)中，添加海水进行搅拌促使孢子大量放散，当池(槽)水变为黄褐色或褐色，成为浓度较大的孢子水后，用 200 目筛绢网过滤至采苗池中，并调

节孢子水浓度至50～60个/视野(×100)时可放苗帘采孢子。另外一种是直接采孢子法。此法适用于水体较大的水泥池。将孢子叶装入用120目筛绢网制成的网袋内(100个/袋),放入池中,搅拌海水使孢子放散;当池水变成黄褐色或褐色后捞出网袋,并调节孢子水浓度为50～60个/视野(×100)后可放入苗帘采孢子。

②采孢子。育苗帘采用重叠方式摆放在育苗池内并使孢子水浸没育苗帘,同时放入检查附着密度的玻璃片,附着密度以60个/视野(×100)为宜。水温16℃下,孢子的附着时间应在2小时以上最为适宜。

③室内培育(图24)。室内培育期间水温变化及配子体生长、配子体度夏、配子体成熟、幼孢子体生长各阶段划分如图25所示。

图24 海芹菜室内培育场景

采孢子后至水温升至23℃前为配子体生长阶段。在水温17～18℃下,胚孢子24小时后生出萌发管,原生质向萌发管移动,48小时后形成单细胞的配子体,进入配子体生长阶

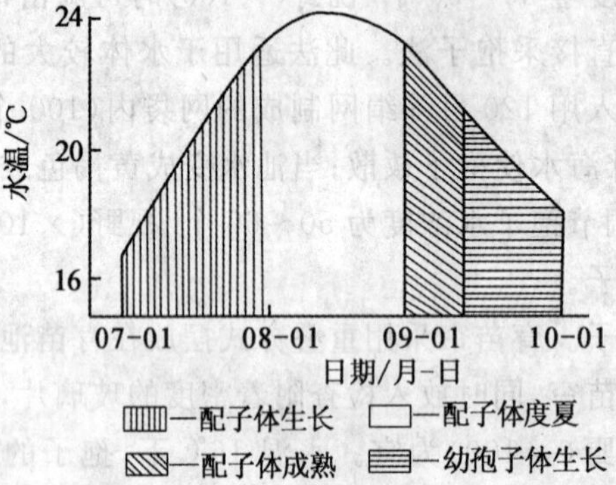

图 25　海芹菜室内培育温度与各生长阶段的关系

段。培养 15～20 天后，配子体长度达到 20 微米左右，雌、雄配子体形态差别明显，雌配子体由 1～2 个球状细胞组成，呈浅褐色；雄配子体为 3～5 个细长细胞组成的丝状体，呈浅黄色。当水温达到 22℃时，配子体的长度已达 30 微米以上，生长趋于停止。此时，雌配子体细胞末端钝圆，颜色变深为褐色，雄配子体则细胞继续拉长，呈浅褐色，逐渐进入配子体度夏阶段。该阶段海水每 3 天全量更换 1 次，营养盐添加浓度为 $NaNO_3$ 20 克/米^3、KH_2PO_4 5 克/米^3，育苗帘每 4～5 天倒置 1 次。

当培育水温达到 23℃ 以上时为配子体度夏阶段。此阶段持续时间由于地区纬度不同而异，大连地区一般在 8 月初至 9 月初约 30 天。配子体长度约 30 微米，生长趋于停止，细胞壁增厚，失去光泽呈暗色，配子体柔韧性降低后附着力减弱，极易脱落。光照强度控制在 300～500 勒克斯，一般在 300 勒克斯左右。每周全量交换水 1 次，营养盐添加浓度为

$NaNO_3$ 10 克/米^3，KH_2PO_4 5 克/米^3。在水温过高时添加部分新鲜海水降低水温。为防止配子体脱落停止苗帘的倒置及洗刷。

在培育水温降至 23℃ 以下的 9 月初，海芹菜配子体从度夏阶段转入成熟阶段。此时配子体细胞恢复活力，细胞壁变薄，配子体呈浅褐色并富有光泽。雌配子体的圆形细胞逐渐拉长呈椭圆形，且末端逐渐膨大形成卵囊并排出卵；雄配子体则在细胞周缘产生锯齿状突起形成精子囊并放出精子；卵受精萌发为幼孢子体。此阶段水温变化与配子体成熟的关系从图 25 中可以看出，在 23～22℃ 期间只有个别配子体成熟，22～20℃ 是配子体成熟的适宜温度，在 2 000～2 500 勒克斯照度下成熟率达 80% 以上。每 3 天全量换水 1 次，营养盐添加浓度为 $NaNO_3$ 20 克/米^3，KH_2PO_4 5 克/米^3，苗帘每 3 天倒置 1 次。

受精卵经 3 次横分裂形成 7 个细胞后开始纵分裂成为多细胞幼孢子体，进入幼孢子体生长阶段。此阶段培育水温变化及光照强度控制对幼孢子体生长有很大的影响。在 21～18℃、2 500～4 000 勒克斯范围内幼孢子体生长速度较快，受精 10 天后幼孢子体的长度已达 120 微米，15 天后达 300 微米，可出海暂养。此阶段每天全量更换海水 1 次，营养盐添加浓度为 $NaNO_3$ 40 克/米^3、KH_2PO_4 10 克/米^3，苗帘每 3 天倒置 1 次。

④幼苗暂养。海芹菜在水温 20～19℃下，出库暂养 10 天后幼苗长度达到 1.0 毫米以上，20 天后达到 1.0 厘米，30 天后达到 1.5～2.0 厘米，可分苗栽培。暂养 30 天后，9 月 12 日出库的幼苗长度为 2.0 厘米，9 月 20 日出库的幼苗长度为

1.8 厘米，而 9 月 30 日、10 月 10 日出库的幼苗长度分别为 1.3 厘米和 0.8 厘米。实验结果表明，在水温 21～18℃ 范围内，出库暂养时间越晚，则达到分苗标准时间越长，10 月 10 日以后出库其暂养时间在 40 天以上。

(3) 工程育苗技术

海芹菜细胞工程育苗技术的大体流程为：选择优良种菜→分离单倍体克隆→进行克隆的快速丰富培养→利用大量增殖的单倍体细胞育苗→当幼苗为 2～3 厘米时进行分苗养殖。

107. 海芹菜生产上应掌握哪些关键技术？

(1) 养殖海区和设备

海芹菜的生态习性和营养要求都和海带相类似，所以能够养殖海带的海区都可以养殖海芹菜，而且，海区水深度只要有 5 米左右就可以了，而海带要求 8 米以上。对海区的基本要求是营养盐；底质软硬适度适合打橛；透明度稳定在 3 米以上；养殖区没有工业污水排入。

海上养殖海芹菜有两种基本方法：底播式和浮筏式。底播式由于产量太低而且操作不便基本上已被淘汰。而浮筏式养殖的设备主要包括主筏身及苗绳和浮子等。每台浮筏的筏身长度一般为 60～80 米，可以吊挂 80～100 吊苗绳。

(2) 苗种准备及暂养

海芹菜育苗需在专门育苗场内进行，一般小规模种植选择购买种苗。种苗购买时应确保苗长在 1～2 毫米以上，时间在 10 月初以后，海区水温下降到 20℃ 以下才可以购进，否则将会因水温太高而引起苗种大量死亡。运输宜采用湿运法，途中每隔 1 小时浇透海水 1 次，保持苗帘的湿润，运回后迅速挂帘暂养。暂养期间要按先深后浅的原则调节水层并洗刷附泥，当大多数苗长达到 1 厘米以上时及时拆帘以改善光照，促进生长。

(3)分苗

当苗长达到 8～15 厘米时就可以分苗了。早分苗可以极大地改善营养、光照等生存条件，促进幼苗的快速生长。海芹菜的菜苗间距，一般以 15 厘米为宜。苗子既可以按规定间距夹在苗绳绳股间，也可以绑在苗绳上。后一种方法的掉苗率明显低于前一种方法。夹苗后的苗绳通过吊绳按 80～100 厘米的吊间距平挂在两条浮筏之间进行养成。平均每台浮筏可挂养海芹菜苗 1 000 棵左右。

(4)养成管理

海芹菜的养成管理包括调节水层、洗刷附泥和合理施肥。

①调节水层。养殖期间光照是否充足直接影响海芹菜的生长速度，同时影响海芹菜的体形。水层较深时，光照弱，则菜体狭长、叶片窄、产量低。水层较浅时，光照强，则菜体肥大、叶片宽、产量较高。但水层太浅，有时叶片色泽淡黄，叶体老化，质量达不到要求。因此，掌握合适的水层十分重要。一般刚分苗后初挂时 1.0～1.5 米，中后期提高至 0.3～0.5 米为宜。

②洗刷附泥、杂藻。泥沙和杂藻黏附在叶片上将会严重影响海芹菜的受光情况，阻碍其生长，所以，应及时洗刷附泥和杂藻，促进海芹菜的生长。具体的洗刷次数应根据具体情况定，但应经常注意观察附泥情况，保持叶片的清洁和色泽的纯正。

③施肥。藻类的生长需要海水中的无机盐作为物质基础。氮元素和磷元素是最为重要的两种限制元素。某些海区存在营养盐不足的情况，这时就需要人工施肥加以补充。人工施肥一般仅施加硫酸铵、碳酸氢铵等氮肥即可，无需施加磷肥。如果发现菜体色泽淡黄、生长缓慢的症状，则应考虑施肥。近年来，流入渤海的生活污水增加，导致海区富营养化，养殖海带和海芹菜等藻类一般是不需要人工施肥的。

④收获。海芹菜收获期一般在 4～5 月份。观察到海芹菜基部两侧生长出一定大小的孢子叶时，即可收割。收割过早，虽藻体鲜嫩，但藻体小，鲜干比大。收割过晚，虽鲜干比小，产量高，但藻体老化不符合出口标准。因此，在生产中把握适宜收获期非常重要。当海芹菜大小不一时，可以采用间收的办法，收大留小。大小一致时，则应整体齐收，以便于加工出售。

九、海菠菜的生产技术

108. 什么是海菠菜？

海菠菜(图 26)是一种大型海洋经济藻类，其植物学名称为孔石莼，属绿藻门石莼科石莼属。海菠菜又称海白菜、海莴苣、海条、青苔菜等，其生长迅速，生产周期很短，再生能力极强，具有很强的生命力。

海菠菜高 10～14 厘米，单独或丛生，幼体绿色，成体碧

图 26 海菠菜

绿色。无柄或不明显；体型有卵形、椭圆形、披针形、圆形等，但多不规则；边缘有褶皱或稍呈波状。藻体表面常有大小不等的圆形或不甚规则的孔。藻体基部厚可达 500 微米；接近基部处变薄，为 130～180 微米；体上部的厚度在 70 微米左右，边缘常较薄。

海菠菜在我国野生藻类中资源极为丰富，广泛分布于西太平洋沿海，是黄渤海产量最大的一种绿藻。海菠菜主要栖息在中、低潮区及大潮干潮线附近的石砾、岩礁、贝壳等场。所以，多见于中、低潮带岩石上，尤见于水质肥沃的内湾。海菠菜不仅味道鲜美，营养价值高，而且具有很高的药用价值，当地人常用来做各种食品，因此，近年来对海菠菜的研究及开发利用引起了国内外的广泛关注。

109. 怎样确定海菠菜的栽培季节?

在各环境因子中，温度对海菠菜生长发育的影响最为显著。虽然海菠菜在 0～35℃ 范围内都可正常存活与生长，但最适温度为 20～30℃，水体温度要求为 18～23℃。海菠菜盐适应范围较广，能耐受的盐度范围为 15%～35%。水体 pH 值在 6.0～10.0 时几乎不影响海菠菜对铵氮的吸收，不过随着 pH 值的升高，铵氮的毒性会加大。生产上养殖水体的 pH 值一般为 8.0～8.3。除此之外，海菠菜对光照的依赖性不大，光照在 5 000 勒克斯时即达到饱和。

温度为海菠菜栽培的限制因子，只要温度及光照适宜周年可进行海菠菜的生产。长江中下游及华南地区气候冬季温暖湿润，海菠菜可越冬栽培，但夏季炎热，7～8 月份近地面温度已达 35℃ 以上，该时期为海菠菜生产的限制时期。北方沿海域地区如山东威海、辽宁大连等地，冬季 1～2 月份近海面已在 0℃以下，不适于海菠菜生长；夏季该地区温暖湿润，不影响海菠菜的生长发育，可进行正常越夏栽培。

110. 海菠菜生产上主要有哪些品种?

国内报道，海菠菜共有 25 种，但常见种类主要有孔石莼、石莼、砺菜、裂片石莼等，生产上以石莼、孔石莼最为常见。

111. 海菠菜良种的标准是什么? 怎样选择海菠菜播种材料?

海菠菜人工培育方法主要包括有性繁殖和无性繁殖两种。直接利用孢子育苗，不仅无法解决种质保存和纯种化养殖，又因为孢子繁殖的季节性而受到季节的限制，因此，有性繁殖的方法目前已很少应用。

无性繁殖是利用成熟的孢子体切片进行繁殖。此法简单易行，效果理想。像海菠菜这样简单的叶状体海藻，在不加激素的单藻培养的条件下，通过简单的切割就可以诱导外植体细胞全能性表达，获得再生植株。

112. 海菠菜如何进行育苗?

海菠菜的生活史是典型的同形世代交替。孢子体和配子体都是由双层紧贴的细胞组成的形态相似的叶状体。在繁殖时，叶状体细胞直接发育成孢子囊和配子囊，配子体成熟后，放散具有2根顶生等长鞭毛的配子，大小不等的雌雄配子接合成合子，进而发育成孢子体。孢子体放散出具有4根顶生等长鞭毛的游孢子，游孢子发育成配子体。

海菠菜人工育苗的最佳途径是建立无性系，进行种质保存，随时利用无性系的大量扩繁实现人工育苗。Migita在日本长崎的大村湾发现和选育出孔石莼的一个“不育株”突变体，将其叶状体切成10毫米×10毫米的片段，可以营养繁殖，而且耐高温。它与野生种不同，经10年的充气培养，未发现产生孢子和配子，只营养繁殖。

(1)单藻体培养

于7月份采集野生海菠菜藻体，用软毛刷刷洗藻体，用消毒海水反复冲洗至无杂藻。用刀片从藻体中上部切取2毫米×2毫米的片段，用消毒海水静止培养。

(2)外殖体培养

用消毒海水进行单藻培养的条件下，海菠菜野生型和突变株外植体的再生都有3种发育途径。

第一种途径，在切片边缘的1～2层细胞中的少量细胞在培养48小时内发生质壁分离，成为球形原生质体；原生质体从细胞中释放出来后在36小时内就可萌发。经过第一次分裂后，下面的细胞萌发成盘状的假根细胞，上面的细胞经几次分裂后形成单列的丝状体。当丝状体的细胞数达到13～15个时，从丝状体的基部开始纵分裂，最后成为叶状体。

第二种途径，先是切片边缘细胞然后是片段内部体细胞原生质浓缩，质壁分离；在此后的6～7天内，在这些细胞中形成游动细胞。每个细胞内这种游动细胞一般为16个，先是在细胞内剧烈旋转，在大约 3 天内全部释放出来。游动细胞梨形，长度为 9～11 微米；附着后变圆，直径 7～9 微米，6～7 天后细胞直径达到 10 微米时开始分裂。细胞先一分为二，下面的细胞逐渐成为丝状或盘状的假根，上面的细胞先分裂形成单列的丝状体，然后再从丝状体的基部开始纵分裂，最后形成叶状体。有的游动细胞释放出来以后，又附着在原来的片段上，结果成为一簇丝状体，最后成为成簇的叶状体小苗。产生游动细胞的体细胞一般连接成片，在叶状体片段上呈斑状分布。

第三种途径，切片上的体细胞在原位直接分裂成不规则的细胞团，经过连续分裂发育成为囊状或管状的藻体。经 3 个月的培养，囊状体的直径达到 1 厘米左右，管状体的长度达到 3～4 厘米。

在这批材料的重复实验中，外植体再生的 3 种途径中，以产生游动细胞的途径为主。外植体小片段形成游动细胞的体细胞最高可达到总细胞数的 90% 左右。

113. 海菠菜生产上应掌握哪些关键技术？

(1)养殖海区和设备

养殖海菠菜的海区要求没有工业污水排入，水深只要大于 1 米就可以；养殖区底软硬度要适合打橛。

以维尼纶网作为附着基，将海菠菜幼苗采到网上，于室内暂养后移至海上养殖。养殖期为 1 年。

(2)苗种准备及暂养

海菠菜育苗需在专门育苗场内进行，一般小规模种植需选择购买种苗。种苗购买时应确保苗长在 4～5 毫米以上，于 9 月中旬左右购进。

(3)假植

在育苗过程中，幼苗的附着能力是十分重要的。将已经附着的长度小于 5 毫米的再生小苗带假根刮下，发现幼苗的重新附着速度同培养温度有关。在 23℃下培养，48 小时后有 57% 的小苗已重新附着，4 小时后全部小苗已牢固附着。但在 15℃下培养，48 小时后还未见小苗附着。5 天后只有 50% 附着。在 10℃下培养的小苗需要 17 天才能全部附着。

伤口处的细胞可以延伸形成新的假根丝，仍可以附着在基质上。这种假根丝的形成也同培养温度有关。在 23℃，全部小叶状体在 4 天内都已重新长出假根并附着牢固，而在 15℃和 10℃则分别需要 14 天和 19 天。

(4)养成管理

附着到苗绳上的海菠菜再生小苗在室内通气培养半个月后长度达到 3～4 厘米，于 6 月中旬置海上养殖，养殖深度为 1 米；1 个月后，海菠菜长度达到 15～20 厘米。但是从 9 月份至 10 月份，养殖海区敌害生物如麦秆虫、钩虾等较多，对幼苗损害较大。从 10 月份至翌年的 3 月份，由于水温低，海菠菜的生长也比较缓慢。4 月份以后，水温回升，生长速度加快，到 9 月份收获时，大部分藻体长度已达到 1 米左右。

(5)采收

到 9 月份收获时，大部分藻体长度已达到 1 米左右时采收。

114. 海菠菜采收时应注意哪些事项?

海菠菜栽培上要做到及时采收。海菠菜除了传统上的少量食用和民间药用外,多用于饲料和肥料,与鱼虾混养。但同其他植物一样有个缺点,就是在夜间进行呼吸作用时,要消耗大量的氧气,容易造成水体缺氧甚至出现浮头现象。另外,海菠菜的生长速度极快,生物量难以控制,由此会出现突发性大量死亡,对养殖系统的破坏程度是不可估量的。为此,必须对海菠菜进行定时的采收。

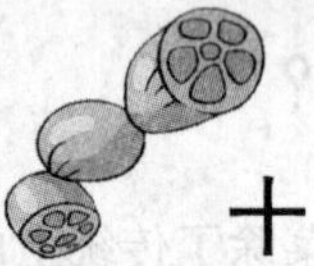

十、水生蔬菜的储藏保鲜及加工技术

115. 如何进行莲藕储藏保鲜

(1)泥土埋藏

用砖砌成埋藏坑，按一层莲藕一层泥土，堆五六层后覆盖10厘米厚细泥。细泥应细软带湿，手捏不成团，并去掉碎石等杂物。埋藏时，莲藕按顺序一排排放齐，避免折断。在铺水泥地板的房室埋藏，坑底需先用木板或竹架垫起10厘米高，底面铺10厘米厚细泥土，按上述方法堆码覆土。储藏室每隔15天消毒1次。利用室外露地埋藏时，选择地势高且避光处，将泥藕相间层层堆成斜坡式或宗塔形，用泥全部覆盖，周围挖好排水沟防积水，遇雨天及时遮盖。储藏期间每隔20～30天翻检1次。

(2)泥浆涂藕储藏

选用黄土，打碎并去除砂石等杂物，加水调制成糊状，将整支藕放入泥浆中浸渍。待藕身均匀裹上泥浆后，取出，装入箱内或草包内，捆好即可。若泥浆干燥脱落，依上法再浸渍1次。本法适于短期储藏和运输销售。

(3)塑料薄膜袋储藏

将莲藕洗净，用特克多防腐剂（500毫克/千克）浸泡处理 1 分钟后取出，晾干，装入 110 厘米×30 厘米、膜厚 0.03 毫米的聚乙烯塑料袋，扎紧袋口。

(4)塑料薄膜真空包装储藏

称取定量的保鲜剂，用定量的水溶解后，将洗净的莲藕放入此溶液中浸渍 60 分钟，然后取出，脱除明水，装入膜厚 0.08 毫米的聚乙烯袋中，使用真空包装机包装，放入室温下储藏。2 个月后，储藏的莲藕色泽接近新鲜藕。每袋装莲藕 1～5 千克。储藏期间，只要包装袋不松动漏气就不需换袋。此法适合于超市和对外出口。若结合低温储藏，可保鲜 4～5 个月。

(5)清水保鲜

将藕洗净，放进容器内，加满清水，每隔 1～2 天换凉水 1 次。冬季保持水不结冰。此法可保鲜 1～2 个月。

(6)保鲜剂储藏

保鲜剂采用 60 毫克/升的焦业硫酸钠溶液、0.15%柠檬酸溶液、0.06%氯化钙溶液、0.03%明矾液的混合液。将洗净的藕装于带内盖的聚乙烯桶内，加入混合液将藕淹没，排气密封。此法可保鲜 2 个月。

(7)蒲包水藏

藕挖出后稍洗一下，装入蒲包，每包 70 千克，放在水深 1 米、温度较低的水中，使蒲包下不贴泥土、上不露出水面，上面盖一层厚 6～10 厘米的水草，可随时出售。

116.如何进行莲藕加工？

(1)藕粉的传统加工工艺

①工艺流程。

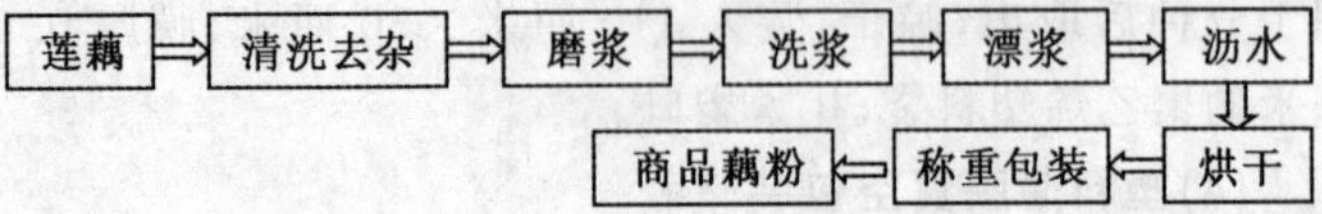

②工艺要点。

其一，选藕。一般来说，莲藕都可以用来加工藕粉，但以新鲜的老藕为佳。

其二，清洗。先在水泥池中浸泡，然后用毛刷将莲藕表皮的淤泥清洗干净，并用不锈钢刀将藕节和烂藕部分切除。

其三，磨浆。将洗干净的莲藕段，用打浆机或石臼捣碎，然后用石磨磨成藕浆，在磨的同时加入一定的清水，藕浆磨得越细越好，越细出粉率越高。

其四，洗浆。将磨好的藕浆装入布袋中，下面置缸、盆等容器，用清水冲洗布袋内的藕浆，边冲洗边搅动，直到将藕浆全部溶于水为止，一般洗到藕渣中无白汁、滤出液为清水时即可。

其五，漂浆。把冲洗出来的藕粉浆用清水漂1～2天。每天搅动1次，让藕粉等比重较大的物质沉淀于容器底部，细藕渣等轻物质漂浮上来。澄清后，除去浮在表面上细藕渣等轻物质，除去底部的泥沙，取出中间的藕粉，装入另一个容器内加清水搅拌稀释后再沉淀，如此反复1～2次，至藕粉呈白色为止。

其六，沥水。将经过漂洗、沉淀后得到的藕粉用另一个清洁布袋装好，用绳子吊起，约12小时即可将水沥干。

其七，烘干。将沥干水的湿藕粉从布袋中取出，捏成500～1 000克重的粉团。用太阳晒或入烤房烘1～2小时，然后用竹刀将粉团削成薄片，继续用太阳晒干或入烤房烘干，使其水分含量为15%左右。

其八，称重包装。将烘干后的藕粉根据市场或客户的需要，简易称重包装后入库。

其九，商品藕粉。传统工艺加工的藕粉一般呈块片状或粗粉状，状态不均，细度不够，由褐变微红，结块而较难保存，并且溶解性差，冲调不便，食之有砂齿感。

(2)商品藕粉的现代加工工艺技术

藕粉的现代加工工艺根据工艺设备及生产规模的不同而有一些不同。在这里介绍一种由云南省农业机械研究所开发研制的藕粉现代加工工艺技术及6DT-700A型淀粉生产成套设备。该成套设备采用了独特的生产工艺，用旋流提取分离方法提取分离、洗涤、浓缩精制藕粉，取代了传统加工工艺的自然沉淀法以及现行的多级机械离心分离法，所生产的淀粉产品品质优良。

①工艺流程。

莲藕⇒清洗⇒旋流提取分离⇒脱水⇒干燥⇒计量包装⇒商品藕粉

②工艺要点。

其一，选藕。选择外形整齐、粗细均匀、色泽正常、个体表面光滑洁净、无明显缺陷(包括萎蔫、机械伤、腐烂、异味、病虫害、空腔附着泥痕或其他污染物)的新鲜成熟藕。

其二，清洗。清洗的目的是除去莲藕所携带的泥沙及杂质。采用专门的清洗机械进行清洗。清洗干净的莲藕除去藕节和烂藕部分，以使成品藕粉的质量更好，减少藕粉中灰分、斑点的含量。

其三，粉碎。莲藕粉碎的目的是尽可能地破坏莲藕的细胞壁，使藕粉颗粒最大限度地游离出，为提取藕粉创造有利的条件。莲藕为长形物料，因此粉碎采用两级式粉碎机。第一级为锤片式，将大块长形莲藕破碎成小块颗粒，然后进入第二级爪式，将小块颗粒进一步粉碎至所需要粒度的藕浆。

其四，旋流提取分离。旋流提取分离的目的是尽可能地将粉碎后得到的藕浆中的纤维（藕渣）、灰分、斑点、脂肪等从藕浆中分离出去，以得到比较纯净的高质量的藕粉。从粉碎机中出来的藕粉浆，用输浆泵送至旋流分离机组，藕粉浆在旋流提取分离机组中经过多级旋流提取分离，在提取分离的同时对藕粉浆进行洗涤、浓缩精制等工艺过程，将藕粉浆中的纤维（藕渣）、灰分、斑点、脂肪等杂质分离出去，得到纯度比较高的藕粉乳。

其五，脱水。脱水的目的在于脱去藕粉乳中过多的水分，减轻干燥环节的负荷并节约能源，以便于进行干燥处理，降低生产成本。脱水后的湿藕粉含水分40％～50％。

其六，干燥。干燥用气流式干燥机进行。将脱水后的湿藕粉从干燥机的进料口送入到干燥管内，让湿藕与干热空气充分接触、混合，强烈地进行热交换，迅速蒸发水分，在干燥管内“瞬时”干燥。最后进入旋风分离器，使干藕粉和湿热空气分离，并进行干藕粉的收集。

其七，计量包装。经干燥以后的藕粉，为使其细度均匀，通常对藕粉进行筛分，筛网细度为 100 目，将筛下物经计量后进行包装，即成商品藕粉。

商品藕粉质量标准（参考方卫山 2005 藕粉现代加工工艺技术及设备）见表 4、表 5、表 6。

表 4　感观要求

项目	优级品	一级品	二级品
色泽	洁白带晶莹光泽		洁白
气味	具有新鲜莲藕具有的特殊气味，无异味		
口感	无砂齿		
杂质	无外来物		

表 5　理化指标

项目	优级品	一级品	二级品
水分/%	≤16	≤16	≤16
酸度/毫升	≤10	≤15	≤19
灰分/%	≤0.2	≤0.4	≤0.6
蛋白质/%	≤0.1	≤0.15	≤0.2
斑点/(个/厘米^2)	≤3	≤7	≤9
细度 100 目筛通过率/%	≥99.6	≥99.5	≥99
白度 440 纳米蓝光反射率/%	≥94	≥89	≥84
黏度　恩式黏度(E25)	≥10	≥10	≥10

表 6　卫生指标

项目	指标
二氧化硫/(毫克/千克)	30.00
砷(毫克/千克，以 As 计)	0.6
铅(毫克/千克，以 Pb 计)	1.00

(3)高膳食纤维速溶藕

①材料、试剂与设备。

其一，材料。莲藕，要求无腐烂变质、无病虫害、孔中无严重锈斑。

其二，护色剂。亚硫酸钠、亚硫酸氢钠、焦亚硫酸钠、柠檬酸氯化钠等。

其三，黏结剂。糊精、CMC-Na HPMC SE-15 单甘酯、蔗糖、植物油、硬脂酸等。

其四，仪器。DJ 型磨浆机 JMS-80 、胶体磨 SLS250-70、均质机 Y0505、双辊筒干燥机 WDF-170。

其五，粉碎机。FL-120 沸腾制粒机等。

②工艺流程。鲜藕清洗去皮⇒切片⇒护色⇒漂洗⇒热烫⇒磨浆⇒胶磨均质⇒滚筒干燥⇒粉碎⇒造粒⇒造粒筛分⇒杀菌⇒成品。

其一，清洗去皮。莲藕采用流动水冲洗，除去污泥杂质；用不锈钢刀或非金属刀片刮去表皮以及机械伤疤、斑点等。冲洗干净后立即浸入 1% 柠檬酸溶液或 10% 氯化钠溶液中，以防褐变。

其二，切片、护色。将藕切成 1～1.5 厘米厚的藕片，切片后立即浸入护色液中浸泡。

其三，漂洗、热烫。是将浸泡后藕片用流动水漂洗，除去残留液，然后在 100℃下热烫 5～8 分钟。

其四，磨浆。将热烫后的藕片配 1.5～2.5 倍的水进行磨浆，浆料在胶体磨中进一步细化，最后在 25～30 兆帕下均质两次。

其五，干燥、粉碎。按一定投料速度，在筒温 120～145℃的一定转速的滚筒筒体表面上涂布成 0.5～1.5 毫米的薄膜进行干燥，料液经滚筒干燥成白色的固体薄片，用刮刀刮下收集。一般要求干燥产品水分在 6%～8%，若水分过高可在烘箱中烘干。然后进行粉碎，粉碎机筛网一般可选用 80～100 目，得到藕细粉料。

其六，造粒、筛分。将藕细粉料置于沸腾制粒机中，设置一定的操作参数，选择一定配比的黏结剂进行沸腾造粒，通过视镜和取样阀观察造粒效果。

其七，杀菌。采用 15 W 的 ZSZ15D 型紫外线灯对造粒筛分的速溶藕粉进行照射杀菌，在距灯中心距离 50 厘米左右处照射 5 分钟左右，照射强度不低于 1.5 瓦/米^2。

(4)藕脯

选肉质白嫩、根头粗壮的鲜藕 50 千克，将藕去蒂，用清水洗净，放入冷水锅中加热煮沸，待稍变软时出锅，浸入冷水中，用竹签刮净藕皮。将处理过的藕切成 1 厘米的藕片，然后放进米汤或淘米水里浸泡 7 天，取出后再放进清水中漂 2 天，尔后换水 4 次。将藕片入缸，将 35%的冷糖水下锅煮沸至 103℃后倒进缸中浸渍藕片。第三天后将藕片和糖水一同下锅煮 30 分钟，当温度达到 108℃ 时起锅，烘干后即为藕脯。

(5)腌藕

选藕节粗长的大藕，洗净去皮，切成厚 1 厘米左右的圆片，放在开水中烫漂，等藕片稍软时即取出，用冷水冷却，沥干水后入缸腌制。每 50 千克加盐 12～12.5 千克，放一层藕撒一层盐，并注入 15%的盐液，每天翻 1 次，共翻 3 次，至缸内水超出藕面。20 天后咸藕即成。

(6)藕片糖

选新鲜大节藕，洗净，放入沸水中烫 10 分钟，然后移入冷水中，冷却后横切成 1 厘米左右的藕片。用大量清水加盐酸调整至 pH 值为 2 时，加入藕片，浸渍 7 小时左右，然后用流动清水缓漂 4 小时，至 pH 值为 6 时捞出沥干水分。每 50 千克藕片中加 40% 浓度的砂糖液 45 千克，糖液须没过藕片；然后一同入锅熬制，加热煮沸至 105℃，此时应随时补加少量水，维持此沸点 20 分钟；再煮沸至 110℃，加入砂糖 10 千克，迅速搅拌；至开始结砂时停止加热，不断搅拌直至充分结砂；把藕片移入烘盘，送入烘干机烘干，以 35℃ 烘至表面干燥后再冷却即为成品；用聚乙烯袋真空密封包装。

117. 如何进行茭白储藏保鲜？

茭白含水量大，采后 2～3 天组织即会发糠、红变和腐烂。但茭白营养丰富，如能将茭白储藏保鲜一段时间，错开集中上市期，可产生较好的经济效益。茭白储藏保鲜可采用多种方法。

(1)储藏前处理

根据品种特性，适时采收，过老过嫩都不利于储藏。当茭白膨大到一定程度，叶梢即将开始破裂、即将要“露白”时采收。采收时留薹管 1～2 厘米，时间最好在早晨露水未干时进行。采收后堆放或运输时，尽量避免暴晒。及时按外形、重量、机械损伤等商品性指标挑选、分级。

(2)清水储藏法

把茭白盛放在水缸或水池中，放满清水后压上石块，使茭白浸入水中，以后经常换水，始终保持缸、池水的清洁。用这种方法短期储藏茭白，质地新鲜，外观和肉质较佳。

(3)冷藏法

目前，茭白冷藏保鲜已成为茭白产业发展的一项关键技术，应用范围较广。新采壳茭应及时预冷进库，库温控制在0～3℃，湿度为90%左右。储藏前基部在明矾粉中蘸一下，扎成7.5千克重的小捆，堆放在冷库内的货架上或骑马式堆藏。每隔7小时除霜1次，以稳定库温，可储藏1～3个月，品质基本不变。此法大大延长茭白市场供应期。

其具体进出库时期安排：在茭白集中上市、价格较低的3个阶段进行储藏，即在6月中旬双季茭白末期、单季茭白上市初期进库，7月中下旬起陆续出库；9月中下旬进库，价格回升即陆续出库；10月末至11月初进库，可一直供应到12月份甚至春节前后，效益显著。

(4)保鲜因子调控法

保鲜因子调控法是目前茭白储藏中最实用、效果最好的一种方法，在江浙一带已大规模商业应用，保鲜2～3个月，每千克收益2元多，经济效益明显。预处理时要将茭白清洗干净，清除泥土杂质，然后立即进行预冷，最好采用水预冷方式。具体操作：将盛满洁净水的容器放入保鲜库，当水温达到1℃左右时，将茭白放入水中降温。配制0.1%浓度的专用生物保鲜剂溶液，将茭白放入浸泡1分钟，捞出并晾干。也可将保鲜剂放入预冷水中，使茭白预冷和保鲜剂处理一起进行。

将晾干后的茭白整齐地横放入保鲜专用袋，不可竖放和挤压，每袋装10～15千克，袋口敞开。放入经硫黄熏蒸消毒的SMCS、NSS型保鲜库，24小时后封好袋口。茭白入库后，库内温度控制在0～3℃，防止急剧变化；相对湿度保持在90%以上；保持库内及保鲜袋内O_2浓度5%以下、CO_2浓度15%左右，若CO_2、O_2浓度过高或有浓郁的茭白味时需及时开袋并采用通风措施。

118. 如何进行茭白加工?

茭白以鲜食为主,加工品较少。目前市场上茭白的加工主要有晒茭白干和盐渍茭白。

(1)晒茭白干

将去皮茭白放入开水中煮 5 分钟,晾干后切成厚和宽均为 0.5 厘米的细丝,晒干或在 60～70℃ 的烘箱中烘干,装于塑料袋中密封防潮。食用时,用温水泡 2 小时即可。

(2)盐渍茭白

茭白去壳洗净晾干,以当天处理为佳,防止变色转红。将茭白浸入 3% 的盐水中,压上石块或其他重物,防止上浮。脱水 2～3 天后,再添加一些茭白,此时盐水浓度增加到 5%。茭白与茭白之间越紧密越好,以利保持茭白原来的白色,延长储藏时间。水面出现白色浮块,要及时清除。

119. 如何进行慈姑储藏保鲜?

(1)田间储藏法

慈姑球茎成熟后清除茎叶,在田间的原地储存,每隔 3～5 行在行间挖一条 30 厘米宽的深沟,并把土壤覆盖到两边。开沟便于排水,防止腐烂变质;覆土可以避免受冻。南方地区采用此法储藏随时可以采挖上市。

(2)泥藏法

在室内或露天场地上,用砖垒砌成池:一层慈姑一层泥土相间放入池内，上面覆盖 10 厘米厚的泥土，清明节前打开翻倒，并切去萌发的顶芽，然后继续在低温条件下泥藏。在室外用泥藏时应注意开沟排水。

(3)沙藏法

在室外用湿沙埋藏。注意经常用喷壶喷水加湿。春节以后如切去顶芽，仍可继续储藏。

(4)水控储藏法

利用浇水降温、保湿，堆藏室内。上面覆盖草包，每 4～5 天浇一次清水，气温降至 0℃ 以下时，上面更换干草包覆盖防冻。销售时，以筐包装覆盖、加衬围，并需铺垫草包，低温运输，注意经常洒水保湿。

120. 如何进行速溶慈姑粉加工？

(1)速溶慈姑粉生产制备工艺

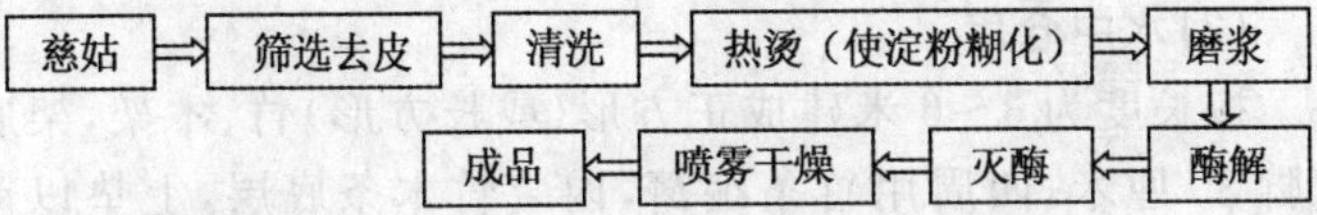

(2)主要设备

DS-1 高速组织捣碎机，JM-L 50 胶体磨，L-117 型实验室微型喷雾干燥机。

(3)操作要点

①清洗。清洗的目的是除去慈姑所携带的泥沙及杂质。采用专门的清洗机械进行清洗。

②热烫。以 80～90℃ 的热水浸泡 10 分钟，捞出，沥干水分。

③磨浆。先用捣碎机将慈姑组织捣碎，然后用胶体磨将捣碎的组织磨成浆液。

④慈姑浆酶解。pH 6.0，水解温度 60℃，α-淀粉酶与纤维素酶添加量分别为 0.1%和 0.4%，酶解时间 80 分钟。

⑤干燥。水解后的慈姑浆经稀释、调 pH 值后，经喷雾干燥得到慈姑粉。喷雾干燥时进风温度 180℃、出风温度 80～90℃。喷雾干燥后得到的产品速溶性好，90℃ 冲调、搅拌分散后，糊均匀，呈乳白色，透明度高。

121. 如何进行菱储藏保鲜?

(1)井中吊储

用柳条箩或篾篓，底放荷叶，内放菱种，每篓装 75～100 千克，上加盖，用绳缚牢，吊挂在木架上，使其上不露出水面，下不着水底，保持活水流动，不使菱种受冻。如系死水池，储后半个月，翻篓淘洗 1～2 次。

(2)水中仓库

按长度为 3～6 米建成正方形(或长方形)竹、木架，架底留脚 30 厘米，四周用竹条编篱，内装竹木条底层，上垫以芦席，用以储藏菱，置于活水河中。每一菱库，可储放 5 000～10 000 千克，储藏期要定期检查，注意温度及水层的降落，并防止发热、发臭、受冻及鼠害等。

122. 如何进行菱角的加工?

(1)菱角罐头

鲜菱角清洗去壳后，将菱角肉投入含 0.1% 六偏磷酸钠的质量分数为 2% 的氢氧化钠溶液中，在温度(80±5)℃ 下加热 2 分钟后捞出，揉搓去皮；将去皮产品漂洗、沥干后，置于含 1% 氯化钙、0.2% 盐酸和 0.15%的耐酸甲基纤维素钠溶液中，室温下浸泡 2 小时，硬化后置于含糖 8%、乙二胺四乙酸钠 0.02%、柠檬酸 0.08%和蛋白质适量的混合料液中，在温度 100℃ 下杀菌 5～30 分钟，之后冷却到 40℃ 以下，即得菱角肉罐头产品。

(2)菱角奶

将鲜菱角清洗去壳后，投入含 0.1%六偏磷酸钠的质量分数为 2% 的氢氧化钠溶液中，在温度(80±5)℃ 下加热 2 分钟后捞出，揉搓去皮；将去皮产品漂洗、沥干后，用破碎机粗破碎成浆糊状物，以菱米与水的质量比为 1∶8 加水，升温至 40℃ 左右，再磨碎并过 80 目筛，得浆料。利用粗破碎的大麦芽和木瓜蛋白酶液化浆料，浆料∶大麦芽∶蛋白酶的质量比为 30∶1∶ 0.2，在 55℃ 的温度下液化 1 小时，然后过滤除掉大麦芽；按一定配方调配，将调配好的浆料采用高压均质机进行二次均质，在压力 20～22 兆帕、温度(70±5)℃下，趁热罐装、密封，在温度 105℃下杀菌，即得菱角奶。

(3)菱角酱

将菱角剥壳后切分，在蒸锅中隔水蒸至熟；将煮熟后的菱角块打浆，并向浆中加入 40%砂糖、0.05%果胶、0.01%魔芋粉、0.08%柠檬酸，待充分混合均匀后进行煮制浓缩；当煮制到可溶性固形物含量达 50%～ 55% 时，开始调味。根据生产不同风味果酱的要求，分别加入橘汁、橙汁、芒果汁等各种果汁或香料，使菱角酱呈现不同的果味。将调好味的菱角酱进行二次煮制，当煮制温度达到 105℃左右及可溶性固形物含量达 60%～65%时煮制完毕，将煮成后的菱角酱在温度 85℃ 下装瓶或装罐、密封即可。

(4)粒粒菱角饮料

将鲜菱角清洗去壳后，投入含 0.1%六偏磷酸钠的质量分数为 2%的氢氧化钠溶液中，在温度(80±5)℃ 下加热 2 分钟后捞出，揉搓去皮；将去皮产品漂洗、沥干；用切粒机将菱角肉切成长×宽×高为 1 毫米× 1 毫米×2 毫米的颗粒；切粒后的菱角肉放入含 1%氯化钙、0.5%六偏磷酸钠、0.2%柠檬酸、0.15%耐酸羧甲基纤维素液中，于室温下浸泡 2 小时后漂洗；按配方进行调配，然后在压力为 19.6 兆帕下均质；均质好后用容器分装，并封口；在温度 115℃ 下灭菌 3 分钟，冷却到室温即得粒粒菱角饮料产品。

123.如何进行海蓬子储藏保鲜?

海蓬子既适于鲜食，也适于脱水、冷藏、冷冻；除作为蔬菜，还可作为畜禽青饲料和生物质能源物质栽培应用。通过深加工，还可制成保健饮料、减肥药品、美容化妆品等系列高科技生物制品。

(1)脱水海蓬子

具体工艺流程：

原料整理 → 清洗去杂 → 杀菌 → 气泡机清洗 → 切分 → 自然沥干 → 蒸煮冷却（或浸泡） → 烘干机烘干 → 分选包装

(2)冷冻干燥海蓬子

设备：冻干－0.5真空冷冻干燥机。

具体工艺流程：

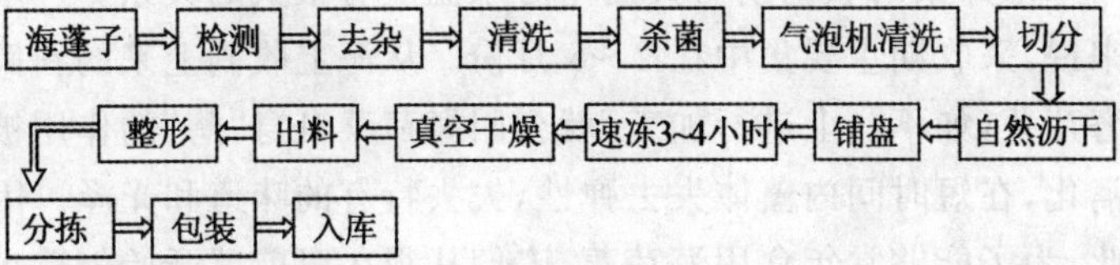

124.如何进行海英菜储藏保鲜？

(1)脱水海英菜

具体工艺流程：

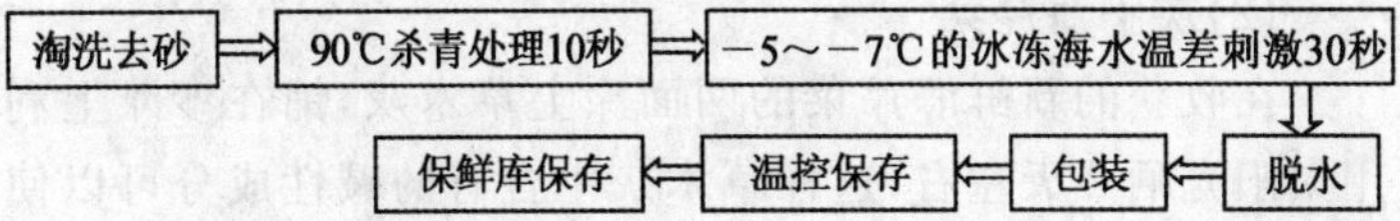

(2)冷冻干燥海英菜

设备：冻干－0.5真空冷冻干燥机。

具体工艺流程：

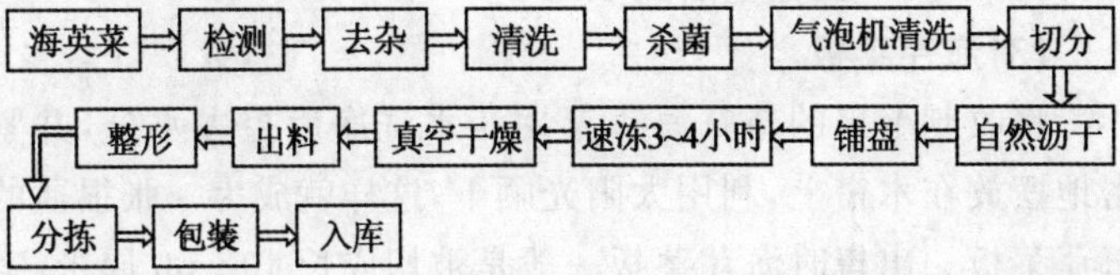

125. 如何进行海芹菜储藏保鲜?

海芹菜的收割期与其当年海水温度有很大的关系。一般来说,采收期主要集中在2~5月份。从海上收割上来的新鲜海芹菜,如不马上进行加工,就会因海芹菜自身"酶"的作用被消化,在短时间内藻体失去弹性,失去特有的味道和光泽。因此,为了能够常年食用海芹菜,人们从很久以前就开始创造出各种各样的加工方法。我们在市场买到的海芹菜基本上都属于加工品。

(1)淡干海芹菜

淡干海芹菜是流传下来的最古老的加工和储藏方法。将从海中收获的新鲜海芹菜直接摆放在太阳光下晒干,或者将新鲜海芹菜用淡水洗去盐分后摆放在太阳光下晒干而成。

(2)灰干海芹菜

在收获的新鲜海芹菜的两面涂上草木灰,铺在沙滩上利用太阳光晒2天左右,这样草木灰中含有的碱性成分可以使海芹菜藻体保持特有的浓绿颜色而且长年不变,销售或食用前用淡水洗掉草木灰,再挂在绳子上晾干成细条状即可。灰干海芹菜用水洗掉草木灰后,在清水中浸泡5~10分钟就可以伸展开,不仅藻体颜色鲜艳,而且叶片有弹性、口感好,具有独特的风味,深受消费者的欢迎。

(3)海芹菜板

将收割上来的新鲜海芹菜用淡水洗净后控去水分,并紧密地摆放在木帘上,利用太阳光晒干,这样就成为一张很薄的海芹菜板。出售时海芹菜板一般是被切成长40~50厘米,宽

20～30 厘米的商品规格。

(4)盐渍海芹菜

盐渍海芹菜是1965年前后开发的海芹菜加工方法。将收割上来的新鲜海芹菜去掉茎和孢子叶，拌上足够的食盐，装入编织袋中叠垛起来，上面稍加重力在低温状态下脱水一夜，然后去掉中肋和梢部的枯叶，再加盐搅拌保存。

(5)煮沸盐渍海芹菜

煮沸盐渍海芹菜是自1970年诞生以来，到目前为止被采用最广泛的一种方法。加工方法是先将新鲜海芹菜的孢子叶去掉，在85～100℃海水中或盐水中煮沸30～50秒，然后进行冷却、脱水后，添加20%～24%的食盐，搅拌后盐渍15小时，然后去掉茎，再进行加重力脱水、拌盐，就可上市场销售。加工后的海芹菜色泽非常鲜艳，但保存的时间没有灰干海芹菜长。

126.如何进行海菠菜储藏保鲜?

(1)脱水海菠菜

具体工艺流程：

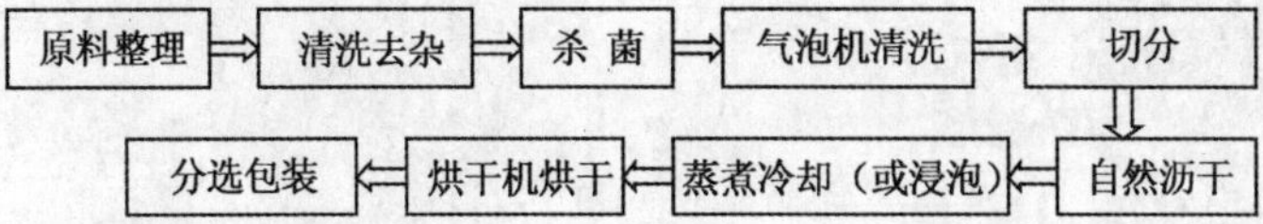

(2)冷冻干燥海菠菜

设备：冻干—0.5 真空冷冻干燥机。

工艺流程：

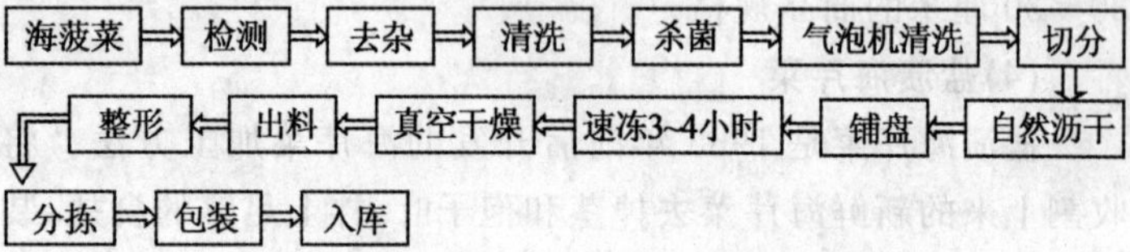
海菠菜
检测
去杂
清洗
杀菌
气泡机清洗
切分
自然沥干
铺盘
速冻3~4小时
真空干燥
出料
整形
分拣
包装
入库

参考文献

[1] 艾永枝，郑少军. 棚栽夏茭"怪茭"的成因及防止. 安徽农业，2004(9):15-16.

[2] 蔡会龙，骆江兰，周祥刘，等. 海芦笋的开发应用初探. 现代农业科技，2007(20):66.

[3] 陈轶. 剥老叶对茭白主要病虫害及经济性状的影响. 浙江农业科学，2005(6):490-491.

[4] 陈杭君，部海燕，毛金林，等. 茭白储藏保鲜技术规程. 浙江农业学报，2003，15(3):200-204.

[5] 单怀远. 水生蔬菜高效栽培技术. 南京：江苏科学技术出版社，1996.

[6] 方卫山，牛宪伟. 藕粉的现代加工工艺技术及设备. 包装与食品机械，2005，23(3):45-47.

[7] 郭赣林，董双林，董云伟. 温度及其波动对孔石莼生长及光合作用的影响. 中国海洋大学学报，2006，36(6):941-945.

[8] 黄怀庆. 藕的养生价值. 养生月刊，2009(3):0246-0247.

[9] 鞠剑峰. 绿色食品生产基础. 北京：中国农业出版社，2009.

[10] 李从荣. 莲藕不同繁殖方法评价. 农技服务，2004(11):20.

[11] 李双梅，李峰，黄新芳，等. 主藕、整藕和子藕作种的繁殖效果. 中国蔬菜，2003(5):15-17.

[12] 梁锦丽.菱角的营养保健功能及其产品开发进展.农产品加工,2009(11).
[13] 林美琛.水生蔬菜病虫害防治.北京:金盾出版社,1994.
[14] 骆江兰.海水蔬菜无土栽培实用新型技术.农林科学,2008(10):30-31.
[15] 邱财富,邓曹仁,孙晋华.高山茭白主要病虫害及无害化防治技术.丽水农业科技,2009(2):27-28.
[16] 沈啸梅.苏州水生蔬菜.南京:江苏科学技术出版社,1982.
[17] 唐世林.慈姑特征特性及高产栽培技术.农技服务,2009,26(4):28-29.
[18] 王茂文,洪立洲,刘冲,等.NaCl胁迫对北美海莲子生长和品质的影响.江西农业学报,2010,22(3):72-74.
[19] 王文武,丁克友.慈姑的生长发育特性及配套栽培技术.上海蔬菜,2007(6):47-49.
[20] 王艳梅,李智恩,徐祖洪.孔石莼化学组分和药用活性研究进展.海洋科学,2000,24(3):25-28.
[21] 王照荣.稻田菱角早熟种植技术.上海蔬菜,2003(1):30-31.
[22] 文建平.稻田莲藕高产高效栽培技术.现代农业科技,2009(9):57-58.
[23] 吴国泉,黄凤,鸣盐生.海芦笋的生物特性及栽培技术.浙江农业科学,2005(6):446-447.
[24] 严志宣,张雷,张尚法.大棚田菱栽培技术.长江蔬菜,2009(16):97-98.

[25] 杨启悦.天门慈姑产业现状及栽培技术.中国蔬菜,2007(增刊):117-118.

[26] 姚岳良,周杨,叶德坚. 低海拔山区单季茭白改收二茬调控技术. 中国园艺文摘, 2010(1): 127,52.

[27] 张玉峰,俞晓平,陈建明,等.茭白主要病虫害发生危害规律及其防治措施.浙江农业科学,2003,15(3):149-153.

[28] 张跃林. 海蓬子种植技术要点. 中国果菜,2006(5):6.

[29] 张振贤. 蔬菜栽培学. 北京: 中国农业大学出版社, 2003.